사계절 수학 산책 이야기

염지현 지음

팜파스

산책하는 마음으로
가볍게 수학을 만난다면…

코로나19로 한동안은 '마스크'를 쓰고 아파트 단지 안을 산책하거나 집 근처 공원과 놀이터, 가까운 동산을 오르내리는 일만 겨우 할 수 있었어요. 그래도 이런 시간을 보내면서 일상에 소소한 행복을 찾는 일이 늘기도 했습니다. 시간이 흘러 일상이 회복되면서 문득 이런 생각이 들었어요. '우리 생활 속에 자리한 수학을 발견해 이야기하면 어떨까?'

산책하면서 무심히 발끝에 차이는 나뭇잎과 솔방울, 계절마다 다른 풍경을 보이는 화단에 비로소 관심이 생겼어요. 바쁘게 다녔다면 쳐다보지 않았을 것들이에요. 이런 마음으로 수학을 만난다면 어떨까요? 어쩌면 우리는 너무 책상 앞에서 골머리를 싸매듯이 수학을 만났기에 수학을 더 멀게, 또 어렵게 느낀 것일지도 모르잖아요. 산책하는 마음으로 가볍게, 자주 수학을 만난다면 수학은 우리의 소중한 일상처럼 친근하게 느껴질 수 있을 거예요.

십 대를 위한

사계절
수학
산책
이야기

십 대를 위한
사계절 수학 산책 이야기

초판 1쇄 발행 2024년 5월 20일

지은이 염지현
펴낸이 이지은 **펴낸곳** 팜파스
기획편집 박선희
디자인 조성미
일러스트 박선하
마케팅 김서희, 김민경
인쇄 케이피알커뮤니케이션

출판등록 2002년 12월 30일 제 10-2536호
주소 서울특별시 마포구 어울마당로5길 18 팜파스빌딩 2층
대표전화 02-335-3681 **팩스** 02-335-3743
홈페이지 www.pampasbook.com | blog.naver.com/pampasbook
이메일 pampasbook@naver.com

값 15,000원
ISBN 979-11-7026-647-1 (43410)

ⓒ 2024, 염지현

물론 누군가는 이 말을 들으면 '으악. 잠시 바람 쐬러 나가는 산책 길에서도 수학을 떠올려야 해?'라며 넌더리를 낼지도 모르지만, 저는 이 특별한(!) 산책을 종종 즐깁니다. 즐기다 보면 생각이 꼬리에 꼬리를 물고 이어지다가, 갑자기 쌓였던 고민을 해결하는 실마리가 되기도 하거든요. 시작은 아주 사소한 것들에서 출발해요. 자주 생각해야 정이 들거든요.

이때 필요한 능력은 '호기심'과 '관찰력'뿐이에요. 걷다가 무심히 발끝에 시선이 머무르고, 진한 회색과 연한 회색 보도블록이 번갈아 자리한 것을 발견하지요. 어렸을 때 누구나 한 번쯤 해봤을 법한 놀이를 떠올려 볼까요? 한쪽 다리를 들고 콩콩 뛰며 '진한 회색 블록만 밟기' 놀이! 그렇게 네모반듯한 꽃무늬, 별무늬를 지나다가 어느새 목적지에 다다르지요. 이 길에서 <보도블록 ↔ 네모반듯한 별무늬 ↔ 쪽매맞춤 ↔ 테셀레이션 ↔ 네덜란드 화가 에서>와 같은 수학의 연결

고리들이 나올 수도 있답니다. 물론 일 년 내내 보도블록에 관심을 두지 않고 걸을 수도 있어요. 모두 정상입니다! 여러분은 아직 본격적인 '수학 산책'을 시작하기 전이잖아요?

이 책에서는 봄, 여름, 가을, 겨울로 챕터를 나누었어요. 최근에는 지구 온난화로 뚜렷한 계절의 변화를 느끼기가 어려울 때도 있죠. 어떤 계절은 너무 짧고, 또 어떤 계절은 예상보다 길기도 해요. 하지만 그래도 지구는 여전히 계절마다 다른 옷을 입고 있어요.

이 사계절이라는 변화 속에서 찾은 수학 이야기를 소개하려고 합니다. 이제부터 가벼운 마음으로 동네 한 바퀴를 나서듯, 반려동물을 산책시키듯, 진짜 수학 산책을 해보아요. 여러 번 다짐했던 것처럼, 이번에는 진짜 수학을 가볍게(!) 다루려고 해요. 물론 수학을 가르쳐야 하는 교사나 평생토록 수학에 매달려 연구해야 하는 수학자라면 어려운 공부를 계속해야만 해요. 하지만 우리에겐 때로는 가벼운 이

야기도 큰 도움이 될 거예요. 그동안 몰랐던 수학과 관련된 재미있는 연구 주제를 알게 되는 것만으로도 즐거운 경험일 테니까요.

　편안한 걸음 속에서 수학을 만나는 특별한 산책을 지금 바로 시작합니다.

염지현

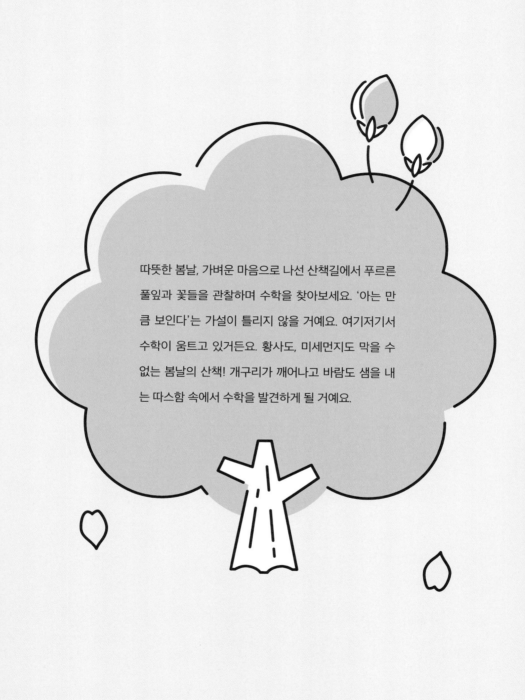

따뜻한 봄날, 가벼운 마음으로 나선 산책길에서 푸르른 풀잎과 꽃들을 관찰하며 수학을 찾아보세요. '아는 만큼 보인다'는 가설이 틀리지 않을 거예요. 여기저기서 수학이 움트고 있거든요. 황사도, 미세먼지도 막을 수 없는 봄날의 산책! 개구리가 깨어나고 바람도 샘을 내는 따스함 속에서 수학을 발견하게 될 거예요.

Part 01

봄

생명이 움트는 봄,

산책하며 만나는

향기로운 수학 이야기

꽃잎과
나뭇잎 수가
수학 법칙에 따라
난다고?

무심코 바라본 창문 밖 풍경에서 봄 햇살이 만연해요. 푸른 기운이 느껴질 때 우리는 '봄'을 느껴요. 겨우내 꽁꽁 얼어붙은 땅이 녹으며 만물이 소생한다는 봄. 새봄을 가장 먼저 알리는 건 새순이죠. 보통 새 학년 새 학기가 시작되어 정신이 없을 때, 새로 피어난 새순 몽우리와 형형색색 꽃봉오리도 봄을 준비하거든요. 아마 바삐 오가는 등하굣길에도 푸릇한 변화가 찾아오지요.

씨앗이 싹을 틔우면 맨 처음 떡잎이 나와요. 이 떡잎에는 양분이 저장돼 있어요. 이때 떡잎이 두 장이면 쌍떡잎식물, 떡잎이 한 장이면 외떡잎식물이라고 불러요. 쌍떡잎식물로는 봄 산책길에 가장 많이 보이는 민들레가 있고, 외떡잎식물로는 벼나 보리가 유명해요.

혹시 '될성부른 나무는 떡잎부터 알아본다'는 속담을 들어 본 적 있나요? 떡잎에 양분이 충분하지 않으면 나무가 잘 자라지 않거든 요. 그래서 커서 크게 될 인물은 어릴 때부터 남다른 모습을 보인다 는 뜻으로 이 속담이 쓰여요.

자, 떡잎부터 남달랐던 인물을 한번 만나 볼게요. 바로 레오나르도 다빈치(Leonardo da Vinci, 1452-1519)입니다. 다빈치는 르네상스 시대를 대표하는 이탈리아의 천재 예술가이자 과학자예요. 그는 뛰 어난 관찰력으로 식물의 성장 과정에서 재미난 규칙을 발견했어요.

√ 잎이 나는 순서도 수학 규칙을 따른다고?

다빈치는 식물 줄기에 붙어 있는 잎의 배열을 유심히 관찰했어요. 그리고 잎의 배열에서 '피보나치 수(Fibonacci numbers)'를 찾아냈 습니다.

피보나치 수는 1, 1, 2, 3, 5, 8, 13, 21, 34, 55, 89, 144,…로 이어 지는데, 이것을 흔히 '피보나치 수열'이라고 불러요. 수열이란, 일정 한 규칙에 따라 한 줄로 배열하는 '수'의 '열'을 말해요. 이 수열은 첫 번째, 두 번째 항이 1이고 세 번째 항부터는 바로 앞의 두 항을 더해 만드는 수열이에요. 0번째 항을 0이라고 생각하면 규칙을 이해하기 쉬워요.

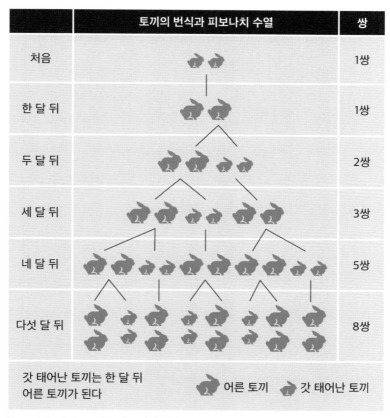

	토끼의 번식과 피보나치 수열	쌍
처음		1쌍
한 달 뒤		1쌍
두 달 뒤		2쌍
세 달 뒤		3쌍
네 달 뒤		5쌍
다섯 달 뒤		8쌍

갓 태어난 토끼는 한 달 뒤
어른 토끼가 된다   어른 토끼   갓 태어난 토끼

▌ 토끼 두 마리(1쌍)가 교배를 하기 시작하면, 그 개체 수(=쌍으로 헤아렸을 때)는 피보나치 수열을 따라 늘어나요. 피보나치는 시간이 흐를수록 1쌍→1쌍→2쌍→3쌍→5쌍→8쌍 … 으로 개체 수가 늘어나는 이 모습에서 수학적인 규칙을 발견하고 자신의 책에 이 성질을 소개했어요.

이 피보나치 수열은 이탈리아의 수학자인 레오나르도 피보나치 (Leonardo Fibonacci, 1170-1250?)가 자신의 책 『산반서』에 토끼가 새끼를 낳으며 개체 수가 늘어나는 현상에서 일정한 규칙을 발견해 소개하면서 잘 알려졌어요.

그런데 재미있는 사실은, 피보나치 수열을 처음 생각해낸 건 피보나치가 아니라는 거예요. 이 규칙이 처음 기록으로 등장한 건 기원전 5세기 고대 인도 수학자 핑갈라(Acharya Pingala)의 논문에서였지요. 워낙 특별하고 재미있는 규칙이다 보니, 아마 그 이전에도 발견한 사람이 있었을 수도 있어요. 하지만 피보나치가 토끼의 번식과 연결 지어 이 규칙을 설명하면서 유명해졌고, 그때부터 피보나치 수, 피보나치 수열이라고 불리게 된 거랍니다.

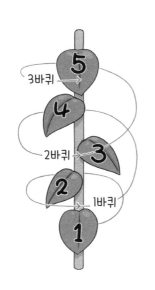

■ 줄기의 가장 낮은 위치에 있는 잎을 기준으로, 그 위로 차례로 잎에 번호를 매기면 잎의 차례에서 발견할 수 있는 수학적 규칙을 이해할 수 있어요.

피보나치 수열은 아주 간단한 규칙이지만 기하학, 대수학, 정수론 같은 수학 속 세부 학문에서도 다양하게 활용되는 중요한 개념이에요. 게다가 해바라기, 솔방울, 나뭇잎 배열과 같이 자연에서도 아주 쉽게 발견할 수 있어 흥미로운 소재지요.

다시 산책길로 돌아와서, 길가에 자라는 푸른 식물을 둘러봐요. 아마 왼쪽 그림처럼 줄기를 따라 아래(땅 근처)부터 위까지 잎이 순서대로 달려 있을 거예요.

이때 줄기의 가장 낮은 위치에

있는 잎을 1이라고 할 때, 1번 잎을 기준으로 줄기를 따라 회전하며 올라가 이 잎과 완전히 같은 방향으로 나 있는 또 다른 잎(그림에서는 5번 잎)을 발견할 때까지 필요한 '회전 횟수(그림에서는 세 바퀴)'를 헤아려 보는 거예요.

그런데 신기하게도 대부분 식물(약 92%[1])이 완전히 똑같은 방향으로 난 잎을 찾기까지 필요한 '회전 횟수'와, 그 사이에 난 잎의 수가 피보나치 수를 따르고 있었어요. 다시 말해 줄기에서 발견된 이 특별한 '수'들은 모두 피보나치 수(1, 1, 2, 3, 5, 8, 13, 21, 34, 55, 89, 144,…) 중에 있었답니다.

실제로 대나무와 느릅나무는 한 바퀴(1) 만에 같은 방향으로 난 잎을 발견할 수 있고, 그 사이에는 두 장(2)의 잎이 나 있어요. 벚나무와 사과나무는 두 바퀴(2) 만에 같은 방향의 잎이 있고, 그 사이에는 세 장(3)의 잎이 나 있고요. 장미와 버드나무는 세 바퀴(3) 만에 같은 방향 잎이 보이고, 그 사이에는 여덟 장(8)의 잎이 관찰돼요. 이 괄호 속 숫자들은 모두 피보나치 수에 속하는 수이지요.

이처럼 대나무는 1과 2, 벚나무, 사과나무에는 2와 3, 장미와 버드나무에서는 3과 8과 같이 피보나치 수가 발견됐어요. 그러면 이런 식물들은 왜 1, 2, 3, 4, 5와 같은 수가 아닌 특별한 규칙이 있는 피보나치 수로 자라고 있을까요?

꽤 많은 수학자, 식물학자들이 힘을 합쳐 이 문제에 담긴 식물 생장의 비밀을 파헤치기 위해 노력했어요. 연구자마다 여러 가지 주장을 내놓고 있습니다만 아직까지 수학자나 식물학자가 학문적으로 밝혀낸 확실한 결론은 없어요. 아무래도 자연스럽게 정착한 생존 전략일 거라는 주장에 가장 힘이 실리고 있어요. 식물이 엇갈려 잎을 틔우는 이유는 줄기의 어떤 높이에 잎이 달리더라도 햇빛과 바람을 잘 맞을 수 있고, 각 잎이 차지하는 공간을 충분하게 확보하기 위해서일 거라는 학자들의 추측[2]이 더해졌기 때문이지요.

혹시 식물도 '수학적 감각'을 타고난 게 아닐까요? 잎을 틔우고 꽃을 피우는 과정에서 수학 규칙이 나타난다는 소식이 꽤 오래전부터 전해져 오고 있어요.

√ 솔방울에서 나타난 피보나치 수열

피보나치 수(또는 수열)는 잎 말고도 식물의 또 다른 곳에서도 쉽게 발견할 수 있어요.

오른쪽(19쪽) 그림에서 표시한 나선을 기준으로, 솔방울의 포(苞)가 나선을 그리며 자리를 잡아 솔방울을 채워요. 포는 잎들이 좁은 공간 안에 압축되면서 그 모양이 변형된 부분을 말해요. 잎이 가지 주위에 나선을 그리는 것처럼, 포는 나선을 그리며 솔방울을 채우지요.

솔방울의 중심을 시작으로 뻗어가는 나선의 수를 헤아려 보면 시계 방향으로 8개, 반시계 방향으로 13개입니다. 나선 수가 각각 다른 이유는 반시계 방향으로 자라는 포는 성장 속도가 빠르고, 시계 방향으로 자라는 포는 성장 속도가 느리기 때문이에요. 좁은 공간에

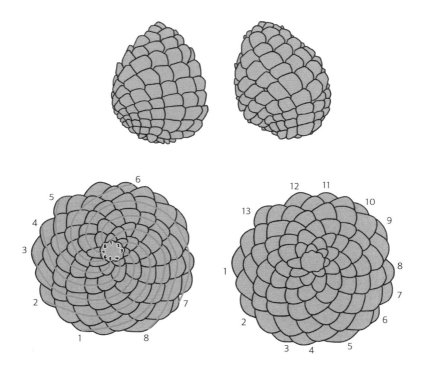

■ 산책길에서 자주 만날 수 있는 솔방울 그림에서 볼 수 있듯 포가 촘촘하게 나선 형태로
채워져요. 모든 솔방울이 그렇습니다. 솔방울을 옆이나 위에서 관찰하면 나선을 발견할 수
있어요. 그런데 이 나선 수에서 피보나치 수를 찾을 수 있어요.

되도록 많은 잎(솔방울은 포)이나 씨앗, 비늘 조각 등을 빈틈없이 배
치할 수 있는 구조에서 주로 관찰된답니다. 이 나선 수가 어떤 솔방
울에서는 각각 3개, 8개, 어떤 솔방울에서는 5개, 8개, 또 어떤 솔방
울에서는 8개, 13개가 발견돼요. 나선 수에 따라 솔방울 모양은 달라
지지만, 이 모두가 피보나치 수열에서 연속되는 두 수라는 특징이 특
별하지요.

한편, 해바라기는 꽃 안쪽에 씨앗이 듬뿍 박혀 있어요. 씨앗은 한 가운데부터 시작해서 각각 시계 방향 또는 반시계 방향으로 '나선'을 그려요. 나선 간격이 워낙 촘촘해서 이 나선을 일일이 헤아리기란 꽤 어려운 일이에요. 그래도 꾹 참고(!) 이 나선 수를 직접 세어 봤더니 시계 방향 나선은 34줄, 다른 방향 나선이 55줄이라고 합니다. 또 다른 해바라기는 나선이 한 방향으로 55줄이고, 반대 방향으로는 89줄인 것도 있다고 해요. 좀 더 큰 해바라기에서는 89줄과 144줄의 나선이 나타나기도 하고, 더 많으면 나선이 233줄이나 되는 해바라기도 있다고 전해져요.

이 모든 나선의 수 역시, 모두 피보나치 수라는 사실! 가끔 품종 개량 등의 문제로 예외도 있지만, 해바라기 꽃 머리에 있는 씨들의 나선 배열 수에서는 대부분 피보나치 수가 관찰되고 있답니다.

독일의 물리학자 헬무트 포겔(Helmut Vogel, 1929-)은 1979년에 컴퓨터 모의실험으로 식물 성장에서 나타나는 나선의 구조가 어떤 특별한 유전자 때문은 아니라는 걸 밝혀냈어요. 포겔은 이 연구에서 해바라기 씨 배열에서 보이는 특별한 나선을 '포겔 나선'이라고 부르고, 피보나치 수열을 따르는 이 나선의 특징을 정리해 논문[3]을 내기도 했어요.

또 해바라기 씨의 촘촘한 배열도 피보나치 수와 관련이 있어요. 해바라기 꽃은 오른쪽(21쪽) 그림과 같이, 꽃 가운데에 작은 씨가 촘촘하게 배열돼 있어요. 해바라기도 솔방울처럼 나선 방향에 따라 기준이 되는 나선 하나를 정하고, 시계 방향 또는 반시계 방향으로 뻗어

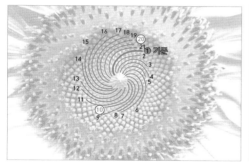
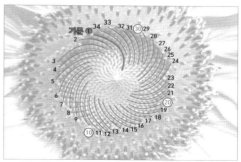

나온 나선의 수를 세어 보면 피보나치 수열을 찾을 수 있어요.

예를 들어 위 그림처럼 나선 하나를 기준(빨간선)으로 정하고, 시계 방향으로 뻗은 나선의 수를 세면 21개예요. 반대 방향으로 뻗은 나선 하나를 기준(빨간선)으로 정하고, 이번에는 반시계 방향으로 뻗은 나선 수를 세면 34개라는 사실을 확인할 수 있어요. 21과 34는 연속하는 피보나치 수열에 등장하는 수예요. 혹시 공원 산책길에 예쁘게 핀 해바라기 꽃을 보면 사진으로 찍은 다음, 스마트기기나 컴퓨터를 이용해 크게 확대해서 시계 방향 또는 반시계 방향으로 뻗어 나온 나선의 수를 세어 보세요. 만약 21개, 34개가 아니더라도 피보나치 수열에 있는 수 중 연속되는 수가 발견될 겁니다.

지금까지도 식물에서 왜 이런 피보나치 수열이 발견되는지는 알 수 없는 수수께끼로 남아 있어요. 전문가들은 그 이유 중 하나로 식물의 씨를 고르게 배열하려다 보니 우연히 피보나치 수열을 따르게 됐다고 설명해요.

만약 피보나치 수열을 따르지 않는다면 씨가 중앙에만 듬뿍 몰려 있게 될 거예요. 피보나치 수열은 …, 3, 5, 8, 13, …과 같이 사이사이에 공간이 있지만 보통의 수 배열은 1, 2, 3, 4, 5처럼 촘촘하니까요. 씨가 중앙에 듬뿍 몰려 사이에 공간이 충분하지 않으면 서로의 성장을 방해해 번식에 어려움이 생겼을 거예요.

그 밖에도 또 다른 연구자들은 반대로 피보나치 수열을 따르지 않는 식물의 특별함을 연구하기도 했답니다. 그런데 아직 그 누구도 학문적으로 이렇다 할 '원인'을 밝혀내진 못했어요. 하지만 그 연구 과정에서 잎이 나는 각도가 황금비를 따른다는 파생 연구가 나오기도 했답니다. 또 어떤 사람은 선인장으로, 어떤 사람은 야자수 나무로 이 비밀을 밝히려고 노력하고 있다고 해요.

√ 피보나치 수열에서도 나타난 황금비

기원전 300년경 활동한 고대 그리스 수학자 유클리드(Euclid)가 쓴 책『원론』에 오늘날 황금비라고 불리는 개념이 등장해요.

유클리드는 오른쪽(23쪽) 그림처럼 한 선분(a+b)을 서로 다른 길이의 두 선분으로 나눌 때, 전체 선분(a+b)과 나눈 선분 중 긴 선분(a)의 길이의 비와, 긴 선분(a)과 짧은 선분(b)의 길이의 비가 같도록 나누는 문제를 떠올렸어요. 이때 (a+b):a=a:b라는 비례식을 세우고, $\frac{a+b}{a}=\frac{a}{b}$로 문제를 풀었지요. 그랬더니 그 비의 값이 1.61803…

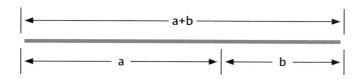

으로 이어지는 무리수가 나온다는 사실을 알아냈어요. 그리고 이렇게 구한 비(약 1:1.618)를 유클리드가 자신의 책에 '극대와 극대가 아닌 비(extreme and mean ratio)'라고 소개했습니다. 이것이 바로 황금비와 관련된 가장 오래된 기록입니다.

서양에서 가장 균형적이라고 생각하는 비가 바로 앞에서 살펴본 1:1.618인데, 이를 '황금비(Golden ratio)'라고 불러요. 안타깝게도 황금비라는 이름이 어떻게 생겨났는지 유래에 대한 정확한 기록은 없어요. 다만 1835년 독일 수학자 마틴 옴(Martin Ohm, 1792-1872)이 쓴 글에서 최초로 황금비라는 단어를 발견할 수 있습니다.

이 황금비는 가장 균형을 이루는 비율로 '아름다움'의 상징으로도 잘 알려져 있어요. 밀로의 비너스상이 가장 아름다운 여인으로 불리는 이유도, 몸의 비율이 황금비를 따르기 때문이라는 주장이 있을 정도니까요. 그렇다 보니 수학자들도 자연의 아름다움을 증명하는데, 이 황금비를 적용해 보기도 합니다.

피보나치 수열도 황금비는 아주 관련이 깊어요. 피보나치 수열 중에서 8부터 다시 살펴볼까요? …, 8, 13, 21, 34, 55, 89, 144, …로 이어지는데 여기서도 재미있는 규칙이 있어요. 피보나치 수열의 연속하는 두 수의 비에서 황금비를 찾을 수 있거든요.

두 수를 나눗셈으로 비교할 때, 기호 ' : '을 사용해요. 예를 들어 두 수 A와 B를 비교할 때, A : B라고 쓰고, 'A 대 B'라고 읽어요. A : B는 'A는 B를 기준으로 몇 배인지'를 나타내는 비라고 합니다. 즉 A : B라는 비가 있을 때, A÷B를 계산한 값이 바로 비의 값이에요.

따라서 8÷13≒0.615, 13÷21≒0.619, 21÷34≒0.618, 34÷55 ≒0.618, 55÷89≒0.618, 89÷144≒0.618과 같이 연속하는 피보나치 수열에서 연속하는 두 수의 비의 값이 0.618(≒1÷1.618)에 가까워요.

'규칙적인 식물의 잎차례↔피보나치 수열↔황금비'까지, 이처럼 산책길에서 만난 식물이 품고 있는 오묘한 수학 이야기가 그저 신비할 따름입니다.

√ 꽃잎에서 피어나는 수학 규칙

새싹이 자라나 잎을 틔우고 적당한 영양 상태를 갖추면 꽃을 피워요. 신기하게도 외떡잎식물의 꽃잎은 3장, 6장과 같이 3의 배수로 나와요. '배수'는 1배, 2배, 3배처럼 어떤 수가 몇 배로 커지는 수를 말하는 거예요. 예를 들어 3의 배수는 3을 기준으로, 1배(=3), 2배(=6), 3배(=9)…가 돼요.

배수에 대한 기초 개념은 초등학교 5학년 때부터 배워요. 그리고 중학교에 입학하고 나면 약수와 배수, 최대 공약수와 최소 공배수를

■ 봄철을 대표하는 꽃인 벚꽃은 꽃잎이 5장으로 5의 배수를 따릅니다. 벚꽃이 쌍떡잎식물이라는 걸 알 수 있죠. 쌍떡잎식물은 꽃잎이 4의 배수나 5의 배수로 나오거든요.

사진 출처 : 픽사베이

배우지요. 자연수 두 개 이상의 약수를 구할 때, 약수를 비교해 공통인 것을 '공약수'라고 하고, 그중 가장 큰 수를 '최대 공약수'라고 불러요. 예를 들어 6의 약수가 1, 2, 3, 6이고, 12의 약수가 1, 2, 3, 4, 6, 12일 때, 6과 12의 공약수는 1, 2, 3, 6이고, 최대 공약수는 6이에요.

한편, 두 개 이상의 자연수의 배수를 구할 때, 배수를 비교해 공통인 것을 '공배수'라고 하고, 그중 가장 작은 수를 '최소 공배수'라고 불러요. 예를 들어 6의 배수는 6, 12, 18, 24, …이고, 12의 배수는 12, 24, …이므로 6과 12의 공배수는 12의 배수와 같아요. 이때 가장 작은 공배수인 12가 최소 공배수가 되는 것이고요.

재미있게도 꽃잎 수가 3장이나 6장이면 대부분 외떡잎식물이에요. 예를 들어 주로 가을이나 봄에 심어서 여름에 꽃을 보는 백합은 대표적인 외떡잎식물이에요. 흔히 백합 꽃잎이 6장(6도 3의 배수지만)이라고 알고 있는데, 그건 꽃받침을 꽃잎이라고 착각해서 그런 거예요. 외떡잎식물인 백합은 꽃잎이 3장, 꽃받침이 3장이고, 꽃잎 수가 3의 배수를 따르는 것을 확인할 수 있지요.

반면 쌍떡잎식물의 꽃잎은 4의 배수나 5의 배수로 나온답니다. 봄철을 대표하는 쌍떡잎식물로는 벚나무의 꽃, 벚꽃이 있어요. 벚꽃잎은 5장으로 5의 배수를 따르고 있지요.

꽃잎은 봉우리를 이루어 꽃 안의 암술과 수술을 보호해야 하므로 이리저리 여러 겹으로 겹쳐져 올라와요. 꽃잎이 겹쳐서 날 때는 모든 잎이 광합성을 해야만 하므로 난 자리 바로 위에 겹쳐서 나지 않고 살짝 빗겨서 나는 거예요. 꽃이 스스로 햇빛을 잘 받을 수 있고, 최소의 공간에 꽃잎을 최대로 배치할 수 있게끔 한 셈이지요.

그런데 만약 꽃잎이 3과 4의 공배수인 12장인 식물을 발견한다면, 이 식물은 외떡잎식물일까요, 쌍떡잎식물일까요? 이럴 때는 꽃잎 수만으로는 구별할 수 없으니 다른 조건도 함께 따져 봐야 해요. 예를 들어 잎이나 잎맥을 관찰하면 된답니다. 쌍떡잎식물은 줄기와 잎 사이에 '잎자루'라고 부르는 부분이 있어요. 잎자루는 잎을 줄기에 고정하는 역할을 해요. 외떡잎식물은 잎자루가 없거든요. 그러니 산책길에 꽃잎이 12장인 식물을 발견한다면, 다른 조건까지 꼭 꼼꼼하게 살펴보세요!

대칭 ←→ 선대칭 ←→ 나비 날개 ←→ 날개 크기와 비율 속 규칙 ←→ 딣믇서 각상동 ←→ 규칙적 패런 ←→ 유사한 패런 ←→ 생김새 ←→ 닮은꼴 ←→ 펴비의서이 ←→

휠휠 나는
나비의
완벽한 대칭을
살펴봐

3~4월에는 벚꽃, 5월에는 튤립과 장미, 6월에는 수국. 봄날의 산책은 곳곳에 핀 꽃들 덕분에 훨씬 즐거워요. 꽃을 보다 보면 꽃 주변을 맴도는 곤충도 자주 목격됩니다. 잠자리, 벌, 나비, 개미, 메뚜기, 무당벌레 등등. 날이 따뜻해지는 봄부터 가을까지는 곤충도 화려한 외출을 하는 계절이기 때문이에요. 도심에 산다면 쉬이 만날 수 있는 곤충 종류가 한정적이긴 하지만, 곤충 탐사는 산책길에 가장 쉽게 할 수 있는 최고의 체험 활동이지요.

세계에 2만여 종이 사는 나비는 그 수만큼이나 다양하고 아름다운 무늬를 자랑해요. 나비의 날개는 완벽한 대칭으로 균형을 이루고 있

어 나비를 더욱 빛나게 하죠. 대칭에는 여러 종류가 있는데, 나비의 날개를 포함해 모든 곤충의 겉모습에서 보이는 것은 바로 선대칭이에요.

선대칭이란 어떤 직선을 기준으로 접을 때 양쪽이 완전히 겹치는 성질을 말해요. 나비의 경우에는 머리·가슴·배로 나뉜 몸통을 기준으로 날개를 나란히 포

■ 배추흰나비를 비롯해 대부분 나비는 머리·가슴·배로 나뉜 몸통을 기준으로 날개를 반으로 접으면 정확하게 포개져요. 수학으로 볼 때 이런 성질은 선대칭으로 설명해요.　사진 출처 : 위키피디아

개면 대부분 그 모양이 완벽한 대칭을 이루죠.

사람도 그렇지 않냐고요? 사람은 좌우 대칭처럼 보이지만 정확히 보면 양쪽이 조금씩 달라요. 반면 곤충은 사람보다 훨씬 더 완벽한 대칭에 가까워요. 몸집이 작을수록 양쪽의 미세한 차이가 활동에 큰 영향을 주기 때문이에요. 사람은 양쪽 손이 조금 달라도 큰 지장은 없지만 나비는 양쪽 날개가 다르면 움직임에 영향을 받아 생존에 위협이 될 수도 있어요. 이렇게 완벽한 대칭을 이루는 나비 날개는 수학자들의 연구 대상이 되기도 했습니다.

√ 나비의 날갯짓에서 수학 규칙이 발견되다

나비 날개는 펄럭이며 하늘로 날아오르는 데 가장 큰 역할을 하지만, 그 밖에도 자신의 짝을 유혹하거나 적에게서 자신을 보호하기 위한 위장 도구로도 쓰여요. 그동안 과학자들은 나비 날개의 비밀을 알아내려고 많이 노력했어요. 이처럼 곤충의 특성에서 발견되는 새로운 관계를 정의하고, 이것을 학문적으로 설명할 때 종종 수학이 쓰인답니다.

나비 날개를 관찰하며 새롭게 발견한 관계는 함수와 그래프로 표현할 수 있어요. 함수란, 서로 다른 두 집단의 관계를 간단한 규칙 또는 간단한 수학식으로 설명할 수 있는 수학 개념이에요. 예를 들어 키와 몸무게의 관계, 광고와 판매량 사이의 관계처럼 말이에요. 키와 몸무게의 관계를 수학식으로 나타내면, 다음 그림(30쪽)과 같이 둘 사이를 그래프로 표현할 수 있지요.

이러한 함수의 시작은 아주 오랜 옛날로 거슬러 올라가요. 기원전에 사람들이 달의 주기를 기록한 흔적이 발견됐거든요. 당시에는 지금처럼 '함수'라는 이름은 없었지만, 사람들이 달의 모양을 관찰하고 기록하면서 낮과 밤의 길이나 계절의 변화 등 규칙적으로 일어나는 자연의 주기를 알게 됐어요. 여기서 주기란, 일정한 간격을 두고 반복되는 현상이 있을 때, 이 현상이 반복적으로 일어나는 데 걸리는 시간 간격을 말해요. 이것을 기록하면서 사람들은 하루 24시간, 1주일, 1년 같은 시간 개념을 세울 수 있었지요.

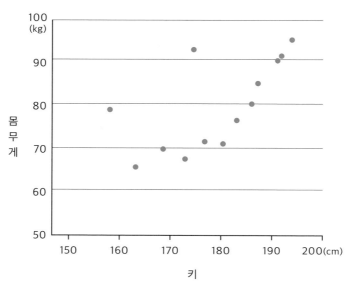

■ 키와 몸무게의 관계

키와 몸무게는 대부분 키가 클수록 몸무게가 많이 나가는 양상을 보여요. 물론 예외도 있답니다!

이런 흔적이 바로 인류가 최초로 떠올린 함수 개념이었어요. 자연 현상을 그저 일어나는 일로만 여기는 것이 아니라, 학문적으로 접근해 '규칙과 관계'를 정의하려고 시도했다는 점에서 함수의 첫 흔적이라는 말이죠. 수학자들은 자신이 경험하는 일상생활 속에서 경험하는 현상을 기록하고, 기록한 현상 속에서 발견한 규칙과 주기를 수와 식으로 표현하려고 노력했어요. 이 노력이 오늘날의 함수를 있게 한 거예요.

우리가 교과서에서 배우는 함수는 독일의 수학자 고트프리트 빌헬름 라이프니츠(Gottfried Wilhelm Leibniz, 1646-1716)가 최초로 정의한 개념이에요. 두 변수 x와 y 사이의 관계가, x값이 하나 정해지면 그에 따라 y값이 단 하나로 정해지는 대응 관계일 때 y를 x의 함수로 정의했어요. 함수는 영어로 '기능'을 뜻하는 'function'이라는 단어를 쓰는데, 이렇게 이름 붙인 사람도 라이프니츠랍니다.

함수가 정의되면서 서로 다른 집단의 관계에서 규칙과 주기를 찾아 추상적으로 설명하는 것을 넘어서, 구체적인 수와 식으로 표현할 수 있게 되었습니다. 예를 들어 달의 모양에 따라 낮과 밤의 길이가 어떻게 달라지는지를 수와 식으로 만들 수 있게 된 거죠.

그 후 스위스의 수학자 레온하르트 오일러(Leonhard Euler, 1707-1783)는 라이프니츠가 말한 함수의 정의를 더욱 간단하게 $y=f(x)$라는 식으로 정리했어요. 이때 x자리에 어떤 수 a를 넣어서 얻은 y값을 a의 함숫값이라고 하고, 이를 $y=f(a)$라고 써요. 예를 들어 $f(x)=10x$에서 x가 1이면 함숫값 $f(x)$는 10이 되는 거예요.

√ 날개 크기에 따라 비행 속도가 달라진다고?

자, 그럼 이제 나비의 날갯짓을 다시 관찰해 볼까요? 각각 몸집과 비교해 날개가 큰 '호랑나비과'의 비행과 날개가 작은 '팔랑나비과'의 비행을 살펴보면서 본격적인 이야기를 해볼게요.

날개가 큰 나비는 비교적 느린 속도로 날고, 날개가 작은 나비는 공기의 저항을 적게 받아 빨리 나는 특성이 있어요. 다시 말해 '날개 크기'와 '비행 속도' 사이에 '특별한 관계'가 있다는 말이지요. 나비 날개 크기에 따라 비행 속도가 달라지는 이 '특별한 관계'를 수식으로 설명할 수 있다면, 날개 크기와 비행 속도의 관계를 함수로 정의할 수 있어요.

우리가 수학자라면, 가장 먼저 서로 다른 나비 날개 크기와 특수 실험 장치를 이용해 비행 속도를 측정해야 해요. 그래야 정확한 수식으로 날개 크기가 x일 때, 달라지는 비행 속도 y를 계산할 수 있기 때문이지요.

하지만 우리는 여기서 정확한 수식을 구하려는 게 목적이 아니라, 함수라는 개념이 나비에 어떻게 적용되는지 알고 싶으니까 정확한 수식을 구하는 과정은 과감하게 생략하도록 할게요. 빈 종이에 x축과 y축을 그려 보세요. 그런 다음에 x축에는 나비 날개 크기라고 쓰고, y축에는 비행 속도라고 적어요. 그리고 날개 크기가 서로 다른 나비의 비행 속도를 정리한 자료를, 오른쪽 그래프(33쪽)와 같이 좌표 평면 위에 점으로 나타낸다고 가정해 봅시다. 그럼 실제 값에 따라 모양은 조금 다르겠지만 다음 그래프와 같은 모양으로 점들이 평면 위를 메울 거예요.

함수의 핵심은 '관계'를 수학적으로 정의하고 설명하는 거예요. 이렇게 두 종류의 변하는 양(변량) 사이에서 한쪽이 증가하면 다른 한쪽도 증가하거나 또는 감소하는 모습으로 나타나는 관계는 '상관관계'라는 개념으로 설명할 수 있어요. 둘 사이에 상관이 있는 관계라는 말이죠. 예를 들어 식사량과 몸무게는 '상관관계'로 설명할 수 있

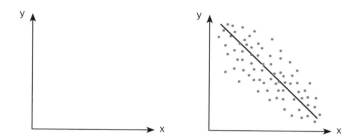

▌ 여기서 x축은 나비 날개 크기, y축은 비행 속도예요.

어요. 평소보다 밥을 많이 먹으면 몸무게가 늘어나고, 반대로 평소보다 식사를 적게 하면 몸무게가 줄어들기도 해요.

상관관계에 대해 더 자세히 설명하면 x의 양이 늘어날 때, y의 양도 늘어나는 관계는 '양의 상관관계'라고 부르고, x의 양이 늘어날 때 반대로 y의 양은 줄어든다면 이 관계는 '음의 상관관계'예요. 이것을 그래프로 그리면 다음과 같은 모양으로 나타나요.

즉, 나비 날개는 크면 클수록 속도가 줄어들기 때문에 음의 상관관

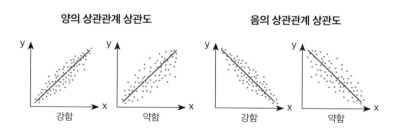

▌ 상관관계를 그래프로 나타낸 그림이에요. 두 종류의 변하는 양(여기서는 x와 y) 사이에서 양의 상관관계일 때는 x가 늘어나면 y도 같이 늘어나고, 음의 상관관계일 때는 x가 늘어날수록 y가 줄어드는 관계를 말해요.

계라는 걸 알 수 있어요. 따라서 보통 나비보다 날개가 큰 편인 '호랑 나비과' 나비들의 비행 속도가 날개가 작은 편인 '팔랑나비과' 나비들보다 느리다는 걸 수학으로 설명할 수 있다는 말이에요.

√ 수학이 밝혀낸 나비 날개의 온도 조절 능력

미국 컬럼비아대학교 응용물리학과 연구팀과 함께 연구한 공동 연구팀은 2020년에 논문을 하나 발표[4]하면서 나비 날개의 다양한 특성을 밝혔어요. 그중 하나는 날개의 움직임과 속도가 나비 몸통을 포함한 몸 전체의 온도 조절과 매우 밀접한 관련이 있다는 사실이에요. 이 논문에서 나비 날개에서 발견되는 여러 특성에 대해 그래프와 방정식으로도 설명했어요.

나비나 나방을 포함한 인시류의 날개는 손톱이나 깃털처럼 죽어 있는 부분이 아니라 살아 있는 세포로 이뤄져 있어요. 즉 날개도 생존하기 위해 체온이 적절히 유지돼야 하는 조직인 거죠. 만약 나비 날개가 일정 시간 이상 뜨거운 태양 아래 노출된다면, 나비는 뜨거운 열을 견디다 강하게 날개를 퍼덕이며 열을 방출해요. 그렇게 체온을 낮추지요.

연구팀은 오른쪽 사진(35쪽, a)에서처럼 나비 날개에 열을 가할 수 있는 패치를 부착하고, 날개에 열을 가하면서 온도에 따라 달라지는 날개의 퍼덕임을 관찰했어요. 그 결과, 온도가 높아질수록 나비 날개

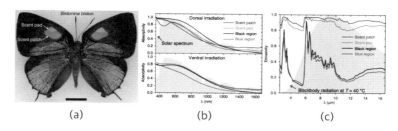

■ Physical and behavioral adaptations to prevent overheating of the living wings of butterflies(2020) NATURE COMMUNICATIONS |
https://doi.org/10.1038/s41467-020-14408-8

는 더욱 강하게 퍼덕(c)였고, 퍼덕일수록 날개 온도가 줄어드는 모습 (b)을 확인할 수 있었어요.

이 실험으로 나비 날개 온도를 x축, 날개의 퍼덕임 정도를 y축으로 해서 상관관계를 살펴볼게요. 날개의 온도가 높아질수록 나비는 날개를 많이 퍼덕여 온도를 낮추려고 할 테니 양의 상관관계라고 말할 수 있어요.

실제로 연구팀은 50종류의 나비 날개를 직접 관찰해서 연구 결과를 얻었어요. 나비의 날개 한쪽에 레이저를 비춰서 열을 가하면 어떤 변화가 일어나는지 적외선 촬영으로 관찰했습니다. 그 결과, 날개에 닿은 열이 40℃를 넘으면 날개를 강하게 퍼덕이는 모습이 나타났어요. 연구팀은 이 퍼덕임으로 열을 식히는 중이라고 분석했지요.

이처럼 자연 현상을 수학으로 해석하는 것이 곧 수학자의 연구가 되곤 합니다. 다음 산책길에서 나비를 발견하면, 이 연구를 떠올려 보세요.

봄철 동물들의
생존 전략에는
수학이 있다고?

해마다 3월 5일(때론 6일)은 개구리가 오랜 겨울잠에서 깨어난다는 절기인 '경칩'입니다. 옛 조상들은 그때쯤 얼음이 녹고 물이 다시 흐르면서, 겨우내 움츠렸던 개구리가 활동을 시작하므로 봄이 시작된다고 여겼던 것 같아요.

요즘에는 도심에도 공원이 꽤 많고, 인공 호수도 곳곳에서 있어서 그런지 산책길에서도 종종 개구리를 만납니다. 길에서 만난 개구리는 홀로 덩그러니 있거나 많아야 두 마리 정도 본 것 같군요. 그런데 일부 개구리는 무리 생활을 하는데다가 뱀과 같은 천적에게서 살아남으려고 치열한 전략 싸움도 한다고 해요. 자기 혼자 살려고 동료를 방패로 삼는대요, 글쎄!

√ 혼자 살겠다고 무리 속으로 파고들어 살길 찾는 개구리

세계에서 가장 영향력 있는 과학 저술가이자 영국의 동물학자 리처드 도킨스(Clinton Richard Dawkins, 1941-)가 쓴 책 『이기적 유전자』의 10장에서 재미있는 논문 하나가 언급됐어요. 동물의 무리 생활에 관한 내용이 나온 건데요. 무리 생활을 하는 여러 가지 이유 중 하나가 바로 '생존 전략'이라는 이야기였지요.

도킨스는 영국의 이론 생물학자인 윌리엄 해밀턴(William Donald Bill Hamilton, 1936-2000)이 1971년에 발표한 「이기적 무리의 기하학(Geometry for the Selfish Herd)」이라는 논문[5]을 소개하며 동물들의 이기적인 행동을 설명합니다. 이 논문의 첫 페이지에 개구리 이야기가 등장해요.

해밀턴은 논문에서 개구리와 천적 물뱀이 함께 사는 가상 연못을 제시했어요. 연못 바닥에 사는 이 물뱀은 밥때가 되면 수면 위로 올라와 개구리를 잡아먹는대요. 개구리는 뱀이 나타나기 전에 연못 위로 도망을 가지요. 그런데 뱀이 늘 예측한 장소에만 나타나는 건 아니에요.

이때 개구리는 살아남으려고 다른 두 개구리 사이로 폴짝 뛰어들어요. 뱀은 자신이 있는 곳에서 가장 가까운 가장자리에 있는 개구리

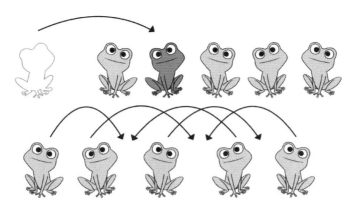

■ 맨 왼쪽 개구리(빨간 선)가 다른 두 개구리 사이로 뛰어드는 이유는 뱀에게 잡아먹힐 확률을 줄이기 위해서래요.

를 잡아먹을 확률이 가장 높기 때문이죠. 그래서 자신의 위험을 눈치챈 개구리가 비교적 더 안전하다고 생각하는 가운데로 도망가는 거예요.

그럼 가장자리로 밀려난 개구리는 가만히 있을까요? 그렇지 않죠. 가장자리로 밀려난 개구리는 또다시 각각 자기 옆(중심 쪽)에 있던 개구리 사이로 들어가요. 이 과정이 계속 반복되면 개구리는 중심으로 몰리고, 그러다 보니 개구리 무리가 생겨난다는 설명이었어요.

해밀턴은 이 이론을 학문적으로도 증명하고 싶었어요. 해밀턴은 여러 가지 계산식을 활용해 컴퓨터 프로그램으로 만들어 개구리의 움직임을 예측하는 모의 실험시뮬레이션을 해봤어요. 그리고 상상 속 개구리 100마리의 움직임을 예측한 결과를 이 논문[5]에 실었어요. 이렇게 주목받은 해밀턴의 이론을 꽤 오랫동안 여러 연구자들이 언급했지요. 그중에는 실제 데이터를 분석해 이론을 뒷받침한 연구[6]도 있었어요.

2012년 앤드류 킹(Andrew J King, 1959-) 영국 왕립수의대 연구팀은 수십 마리의 양 엉덩이에 위치 추적 장치를 달아 해밀턴의 이론 내용이 실제로도 맞는지를 확인했어요. 양은 대표적으로 무리 생활을 하는 동물이에요. 양들도 같은 이유로 무리에 파고드는지를 확인한 거죠. 연구팀이 양떼가 모인 곳에 개를 풀었어요. 그리고 양과 개의 위치를 실시간으로 기록했지요. 그 결과, 양이 무리의 중심으로 모이려는 성향이 드러났어요.

마치 서로의 안전을 지키려고 마음을 모아 무리 생활을 하는 것처럼 보였던 개구리와 양. 그런데, 이 두 동물이 각자 살아남으려는 이기심을 가지고 가운데로 파고들었다는 가설이 사실로 밝혀진 셈이죠. 즉, 천적이 나타나면 무리 생활을 하는 동물은 이기심을 최대로 발휘해 가장 안전한 중앙으로 모두 모인다는 거예요.

√ 위험을 무릅쓰고 무리를 지키는 다람쥐

한편, 이와 반대되는 동물의 행동도 있어요. 동네 공원에서 다람쥐를 마주칠 일은 흔치 않지만 가끔 뒷산을 오를 때 먼발치에서 나무를 타는 다람쥐를 만나요. 그런데 이 다람쥐가 개구리와는 성향이 정반대라고 해요. 자기 자신보다 남을 먼저 생각하는 편이라는 거죠. 이를 '이타 행동'이라고 불러요.

　남을 먼저 생각하는 이타적인 행동이 사람만이 아니라 동물에게도 나타난다고 하니 정말 신기합니다. 그런데 이런 동물의 본능적인 행동에는 모두 이유가 있어요. 그리고 이런 행동을 1977년에 생태학자 폴 셔먼(Paul W. Sherman, 1974-)이 수학적으로 증명[7]을 했어요.

　이타적 행동을 보이는 동물로는 대표적으로 땅다람쥐(Belding's Ground Squirrel)가 있어요. 땅다람쥐는 개미처럼 땅에 굴을 파서 그 속에서 생활해요. 땅속에 숨어서 생활하므로 천적의 눈에 잘 띄지 않는다는 장점이 있지요. 하지만 만약 천적이 생활 터전인 굴을 발견하는 날에는 무리 전체가 잡아먹힐 위험이 있어 마냥 안전한 건 아니에요.

　그래서 땅다람쥐 무리에는 주변을 살피는 '정찰병' 역할을 하는 다람쥐가 있어요. 이 다람쥐는 가까운 곳에 천적이 나타나거나 위험한 상황이 생기면 큰 소리를 내서 동료들에게 위험을 알려요. 정찰병 다람쥐는 무리의 대부분이 도망갈 때까지 소리를 내야 해요. 그래서 적의 눈에 가장 먼저 띌 수밖에 없어요. 그래서 가장 먼저 잡아먹힐 확률이 높지요. 그럼에도 불구하고 이타 행동을 하는 습성 때문에 이 역할을 맡아 끝까지 무리를 지키는 거예요.

개미는 나이 들수록 이타 행동 강해진다고?

리처드 도킨스의 책 『이기적 유전자』에서는 이런 동물들의 이타 행동을 설명하는 대표적인 개념으로 '근연도'를 이야기했어요. 좀 어렵게 느껴지는 단어지만, 생물학에서 유전자의 행동 방식을 이야기할 때 반드시 나오는 수학 개념이니 알아 두면 좋아요.

근연도란 동물들의 유전적인 관계를 수학으로 설명하는 개념 중하나예요. 쉽게 말해 두 개체가 혈연관계일 때, 서로 '유전자를 공유할 확률'을 말하지요. 도킨슨은 혈연관계인 두 사람이 유전자 1개를 공유할 확률을 근연도라고 말했어요.

사람의 경우에는 자기 자신을 1이라고 할 때, 부모 자식 사이나 형제자매 사이는 근연도가 $\frac{1}{2}$이에요. 나를 기준으로 세대를 위아래로 오르내릴 때는 한 세대당 $\frac{1}{2}$씩 곱하면 근연도를 계산할 수 있어요.

예를 들어 다음 그림(42쪽)에서 머리를 양 갈래로 묶은 친구가 '나'라고 할 때, 엄마아빠 세대를 거쳐 할머니할아버지 세대까지 올라가면 $\frac{1}{2} \times \frac{1}{2} = \frac{1}{4}$로 할머니와 손녀 사이의 근연도는 $\frac{1}{4}$이 돼요. 사촌이나 팔촌은 할머니할아버지 세대까지 올라갔다가 다시 이모삼촌 세대로 내려와야 하니, 곱하는 수가 더 많아지지요.

근연도가 높은 사이일수록 내 유전자를 공유할 확률이 높아요. 그래서 더 이타적으로 행동하게 되고, 자신을 희생해 상대를 배려할 확률이 높은 거지요.

물론 근연도가 같다고 해서 이타 행동을 하는 정도가 같지는 않아

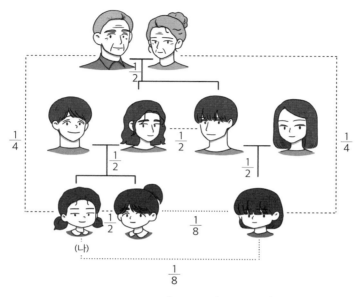

■ 근연도는 나를 기준으로 사촌 관계는 $\frac{1}{8}$, 육촌은 $\frac{1}{32}$, 팔촌은 $\frac{1}{128}$ 이 돼요.

요. 부모 자식 사이도 $\frac{1}{2}$ 이고, 형제자매 사이도 $\frac{1}{2}$ 이지만 이타 행동, 즉 서로를 생각하고 배려하는 정도는 전혀 다르다는 걸 설명하지 않아도 알 수 있지요.

다시 해밀턴 이야기로 돌아와 볼까요? 해밀턴이 개구리와 반대 성향으로 꼽은 동물은 우리가 산책길에 쉽게 만나는 '개미'예요. 개미는 나이가 들수록 어린 개미를 배려하는 행동을 보이거든요.

예를 들어 우리가 산책길에서 만나는 개미들은 알고 보면 대부분 어린 일개미가 아니라 늙은 일개미랍니다. 우연히 나이 든 개미들만 만난 걸까요? 사실 이건 개미 집단이 철저하게 계산하여 일어난 일이에요. 죽을 확률이 높은 바깥 세상에 '젊은 인력'을 내보내는 것은 꽤 손해 보는 일이니까요.

그러나 다람쥐나 개미와 같이 작은 동물이 어떤 행동(여기서는 늙은 일개미를 앞세우는 일)을 하기 전에 이렇게 복잡하게 자신들의 이익을 따져서 행동하고 있다는 주장을 얼마나 믿을 수 있을까요?

전문가는 이러한 현상을 '경험에 의한 자연의 선택'이라고 주장해요. 보통의 동물들은 대부분 과거에 자기 집단이 살았던 환경과 비슷한 환경에서 살아가요. 그러니까, 같은 종의 동물이 겪은 경험적인 데이터를 바탕으로 살아남을 전략을 세울 수 있다는 설명이죠. 사람보다 지능은 낮을 수 있지만, '생존'에 관해서는 본능에 충실해서 동물의 이타 행동을 유발한다는 말이지요.

그래서 수학자와 생물학자들은 각 동물을 관찰해 측정할 수 있는 근연도의 평균을 구하고, 평균 근연도를 지표로 삼아 동물들의 이타 행동 정도를 예측하곤 한답니다. 그 결과, 근연도가 높을수록 이타 행동을 더 하리라고 예측하는 거지요.

이렇게 동물들의 이타 행동에는 생활 환경과 생태적인 요소는 물론, 해밀턴이 증명한 대로 유전적인 요소도 작용한다는 걸 알 수 있어요.

진화생물학에는 '수학'이 있어요

개구리와 다람쥐처럼, 동물 무리가 타고난 습성대로 살아가며 보이는 특징은 예나 지금이나 수학자와 진화생물학자에게 흥미로운 연구 주제였어요. 진화의 원리를 발견한 찰스 다윈(Charles Robert Darwin, 1809-1882)은 영국의 생물학자이자 지질학자로 잘 알려져 있죠. 다윈은 비글호를 타고 갈라파고스 군도를 여행하다가 진화의 원리를 발견해요.

'살아 있는 연구실'이라고 불리는 이곳 섬들은 적당한 거리를 두고 떨어져 있어서 섬마다 독립적인 생태계가 만들어졌어요. 다윈은 각 섬에 사는 동물들이 나름의 법칙에 따라 서로 다른 모습으로 진화한 것을 관찰했어요. 특히 다윈은 섬마다 부리의 모양과 크기, 골격이 조금씩 다르게 생긴 핀치새에 집중했어요. 개미와 같은 작은 곤충을 잡아먹도록 진화한 부리, 나무 속 곤충을 찾아 먹도록 진화한 부리, 열매나 씨를 먹도록 진화한 부리 등, 같은 핀치새여도 살아가는 환경에 따라 다른 모습을 하고 있었거든요.

이것을 보고 다윈이 주장한 가설이 바로 '자연 선택설 1859년 『종의 기원』을 발표, 여기서 자연 선택설을 기초로 한 진화론을 주장'이에요. 자연에서는 환경에 알맞은 종이 계속 살아남고, 알맞지 않은 종은 사라진다는 주장이었죠. 그리고 대를 이어 교배하고 번식하면서, 생존에 유리한 특성이 자손에게 전달된다는 거죠. 여러 세대에 거쳐 이 특성은 점차 환경에 맞게 진화한다는 말이에요.

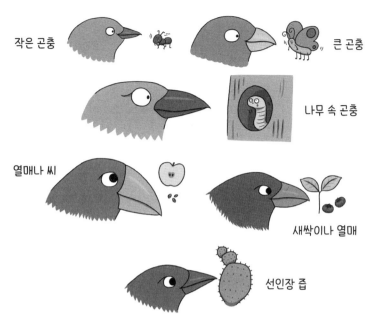

작은 곤충

큰 곤충

나무 속 곤충

열매나 씨

새싹이나 열매

선인장 즙

■ 다윈의 주장에 따르면 최초에 같은 종의 새였다고 해도, 살게 되는 환경과 먹이에 따라 작은 곤충을 먹는 새와 열매나 씨를 주로 먹는 새의 부리 모양이 점점 다른 모양으로 진화한다는 거예요. 더 나아가 환경에 따라 진화 혹은 퇴화하다가 살아가는 환경과 맞지 않은 종은 결국 사라진다는 이야기지요.

    과거에 생물학은 한동안 '분류학'에 가까웠어요. '이런저런 종류의 생물이 있고, 얘는 쟤에 속하고, 쟤는 알고 보니 얘의 사촌쯤 되는 관계였다.' 이런 게 과거의 생물학이었죠. 그런데 생물학이 분류학에서 과학으로 나아가게 만드는 인물이 나타나요. 바로 '멘델의 법칙'으로 유명한 그 멘델입니다.

    19세기 오스트리아의 식물학자이자 성직자인 그레고어 요한 멘델 (Gregor Johann Mendel, 1822-1884)은 유전의 기본 원리를 발견한 사람으로 유명해요. 멘델이 설명하고 발견한 유전의 기본 원리는 완두콩 실험으로 설명할 수 있어요. 이 훌륭한 연구도 멘델 자신의 정원에서 출발해요. 우리가 산책길에서 여러 가지 수학 생각을 떠올리는 과정과 비슷하지요.

멘델은 정원에서 기른 여러 모양의 완두콩을 서로 교배해서 나온 자손의 결과가 수학 원리를 따른다는 사실을 알게 됐어요. 그는 '정원에서 키우던 서로 다른 모양의 완두콩을 교배하면, 그 다음 세대에는 어떤 모양의 완두콩이 나올까?'라는 의문을 품고, 답을 찾는 과정을 정리했어요.

이 내용을 '경우의 수'로 이야기해 볼게요. 멘델은 완두콩 색을 이루는 유전적 요소가 하나가 아니라 '한 쌍'으로 이루어졌다고 생각했습니다. 예를 들어 황색을 띠는 요소는 YY, 녹색을 띠는 요소를 yy라고 정한 거죠. 그런 다음 이 한 쌍의 요소 중에서 부모에게는 하나씩만 물려받는다고 가정했어요. 예를 들어 YY중에서 Y 하나만, 혹은 yy 중에서 y 하나와 같은 식으로요. 어떤 요소를 물려받느냐에 따라서 완두콩의 색이 결정되는 거지요.

그리고 YY 또는 yy처럼 같은 요소를 물려받아 한 쌍을 이루는 경우는 순종이라고 하고, Yy나 yY처럼 서로 다른 요소를 물려받아 한 쌍을 이루는 경우는 잡종이라고 표현했어요.

예를 들어 황색 순종 완두콩(YY)과 녹색 순종 완두콩(yy)을 교배하면, 자손으로 태어날 수 있는 경우의 수는 4가지로 YY, Yy, Yy, yy와 같아요. 부모에게서 하나씩만 물려받는다고 했으니까요. 자손

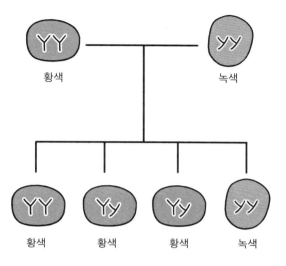

황색   녹색

황색   황색   황색   녹색

■ 황색 순종 완두콩(YY)과 녹색 순종 완두콩(yy)을 교배하면 어떤 색 완두콩이 나올까요?
반반 완두콩이 나올까요? 결과는 그림과 같아요.

완두콩으로 황색 순종 완두콩(YY)하나와 녹색 순종 완두콩(yy)하
나, 그리고 잡종(Yy) 완두콩 두 개가 생기는 거예요.

그러면 이때 잡종(Yy) 완두콩 두 개는 어떤 색을 띠는 걸까요? 순
종 두 개가 만나 한쌍을 이룰 때는 더 앞서는 성질, 더 힘센 성질이 반
드시 존재합니다. 이때 우월성을 내뿜는 강한 성질을 우성, 자신의
성질을 제대로 띠지 못하는 약한 성질을 열성이라고 해요. 완두콩의
경우에는 황색 요소가 우성이어서, Yy로 이뤄진 잡종 완두콩 두 개
는 모두 황색 완두콩이었어요.

이때 녹색 콩(열성)이 나올 확률은 얼마일까요? 새로 완두콩이 나
는 4가지 경우 중에서 녹색콩이 나올 경우는 yy로 순종일 경우 한 가

지이므로, 이 경우에 녹색 완두콩은 25%의 확률로 나온다는 사실을 알 수 있죠.

이 실험으로 멘델은 서로 다른 두 순종(황색과 녹색)을 교배했을 때 생기는 자손은 우성(황색)과 열성(녹색)의 비가 3:1로 나타난다는 사실을 확인했던 겁니다.

이렇게 자연의 이치를 설명하고 증명하는 데에도 '수학'이 꼭 필요해요. 수학은 분명한 기준을 근거로 그 특성을 증명하는 데 가장 알맞은 학문이어서 그렇습니다.

황사 ↔ 흙먼지   미세먼지 측정단위 마이크로미터 ↔ 미세먼지 크기 비교 ↔ 미세먼지 농도 측정기기   황사 ↔ 미세먼지   미세먼지 ↔ 폭설 서리   양동 ↔ 대표값 ↔ 평균값 ↔ 미세먼지 농도

황사 예보를
똑똑하게
전해 주는 단위와
부등식의 세계

"수도권 일부 지역은 밤부터 미세먼지 농도가 '나쁨' 수준을 보일 전망입니다."

봄철의 불청객이라 불리는 것이 있지요. 바로 '미세먼지'입니다. 등·하굣길이나 외부 활동을 할 때 뿌연 하늘을 보면 왠지 마음도 공기만큼이나 답답해지는 것 같아요. 특히나 미세먼지는 산책을 막는 최악의 적이라고 할 수 있어요. 풍경도 뿌옇게 가리는 데다가 먼지 가득한 공기가 우리의 건강도 위협하니까요. 산책을 포기할 수밖에 없도록 만들지요.

■ 사계절을 가리지 않고 주변 나라에서 우리나라로 흙먼지와 미세먼지가 날아오고 있
어요.

사진 출처 : 픽사베이

보통 황사라 불리는 거대한 흙먼지 바람은 봄에 많이 발생합니다. 1991년부터 2020년까지 30년 동안 서울 지역에 발생한 황사 일수만 봐도, 1년 중 평균적으로 가장 발생 빈도가 높은 달은 4월(3.1일)로 기록됐지요. 계절별로 봤을 때는 평년 기준 봄철3월-5월이 6.9일 (겨울12월-다음 해 2월 1.4일과 비교)로 사계절 중 황사가 가장 많은 날을 기록하고 있어요.

황사는 주로 몽골과 중국의 사막 지대 근처에서 불어오는 강한 바람에, 흙먼지와 모래가 바람을 타고 공중으로 이동하다가 천천히 땅으로 떨어지는 자연 현상이에요. 『삼국사기』와 같은 아주 오래된 기록에도 남아 있을 정도로 역사가 깊어요.

마이크로미터, 작아도 너무 작은 미세먼지의 단위

황사는 날아오르기 쉬울 만큼 아주 작은 크기의 흙먼지예요. 이 흙먼지의 크기를 설명하려면 '아주 작은', '조금 작은', '지이이이이~인짜 작은'과 같은 사람마다 다른 주관적인 기준이 아니라, 모두가 정확하게 알 수 있는 '기준'이 필요합니다. 수학에서는 이 기준을 '단위'로 설명해요. 우리가 '단위'를 배우는 이유는 단위와 단위 사이의 관계를 알아야 상황에 따라 알맞은 단위를 선택해서 사용할 수 있기 때문이지요.

중국에서 불어오는 강한 바람에 실려 오는 불청객 황사에는 미세먼지도 들어 있어요. 미세먼지란, 말 그대로 입자 크기가 아주 작아서 눈에 보이지 않는 먼지를 말합니다. 먼지 크기가 1~10µm마이크로미터, 1µm는 1000분의 1mm(밀리미터) 또는 100만 분의 1m(미터) 정도이면 미세먼지라고 하지요.

미세먼지가 생기는 원인은 두 가지로 나뉘어요. 먼저 자연적으로 발생하는 미세먼지가 있어요. 흙먼지, 바닷물에서 생기는 소금, 식물의 꽃가루 등이 여기에 속하지요.

또, 인간의 활동 때문에 인위적으로 발생하는 미세먼지도 있어요. 여러 종류의 발전 시설과 공장 등에서 석탄, 석유 같은 화석 연료를 태울 때 생기는 매연, 자동차 배기가스, 건설 현장의 날림 먼지, 소각장 연기 등이 여기에 해당됩니다. 인위적인 미세먼지에는 각종 중금속과 오염 물질이 많이 들어 있어 오랫동안 노출되면 감기나 천식,

기관지염, 눈병, 피부병과 같은 질병에 걸릴 수 있어서 문제가 되고 있어요.

미세먼지 중에서도 유독 더 작은 미세먼지가 있어요. 바로 '초미세먼지'예요. 미세먼지와 초미세먼지는 크기로 구분할 수 있어요. 우리가 흔히 말하는 미세먼지는 지름이 10μm보다 작은 먼지로 PM10이라고 표기합니다. 초미세먼지는 지름이 2.5μm보다 작은 먼지이고, PM2.5라고 표기하지요. 여기서는 미세먼지(PM10)와 초미세먼지(PM2.5)로 표기했습니다.

예를 들어 사람의 머리카락은 지름이 70μm 정도예요. 머리카락의 지름을 표현하는 단위로 m를 선택했다면 0.00007m와 같이 엄청나게 작은 수로 표현해야 합니다. 이렇게 되면 같은 단위일지라도 1m와 그 크기를 비교하기도 어렵고, 소수점 이하 자릿수가 많아서 간단한 연산조차 하기가 불편하죠. 마찬가지로 우리의 키를 이야기할 때 'μm'가 아닌 'cm'나 'm'로 표현하는 것도 같은 이유입니다.

√ 미세먼지가 위험한 이유는 표면적이 크기 때문이다

대부분의 먼지는 우리 몸의 방어막인 코털이나 기관지 점막에 막혀 몸속으로 들어가지 못해요. 하지만 미세먼지 크기는 오른쪽(53쪽) 그림처럼 머리카락 굵기와 비교할 수 없을 만큼 훨씬 작습니다. 하도 작아서 코털도 미세먼지가 들어오는 걸 막지 못해요. 그래서 일반 먼

지보다 몸속으로 들어올
확률이 아주 높지요.

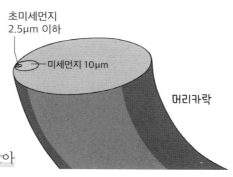

초미세먼지
2.5㎛ 이하

미세먼지 10㎛

머리카락

게다가 미세먼지가 다른
먼지보다 위험한 까닭이 하
나 더 있는데, 그건 바로 표면
적 때문이에요. 먼지의 양이 같아
도 입자 하나의 크기가 작으면 먼지
의 전체 표면적은 몇 배로 더 커지거든요.

예를 들어 다음(54쪽) 그림처럼 한 변의 길이가 8cm인 정육면
체(①)의 겉넓이를 생각하면 8×8×6으로, 384cm²이에요. 그런데
이 정육면체를 8개로 쪼개면, 한 변의 길이가 4cm인 정육면체 8개
(②)의 겉넓이를 계산해야 하죠. 따라서 표면적은 4×4×6×8로,
768cm²가 돼요.

만약 처음 정육면체를 이번엔 16개로 쪼갠다면, 한 변의 길이가
2cm인 정육면체 64개(③)의 겉넓이를 계산하면 됩니다. 이때 표면
적은 2×2×6×64로, 1536cm²까지 커지죠.

아무리 표면적이 커도 그저 먼지에 불과하다며 대수롭지 않게 여
길 수도 있어요. 하지만 먼지의 표면적이 크면 그만큼 바람과 부딪히
는 면적이 넓어져 바람의 영향을 그만큼 많이 받기 때문에 공기 중에
더 오래 떠 있을 수 있게 됩니다. 공기 중에 오래 떠 있게 되면 먼지
에 해로운 대기 오염 물질이 더 많이 달라붙을 수 있지요.

게다가 공기 중 미세먼지 농도가 높아지면, 서로 다른 입자가 충돌

하고 뭉치면서 더 큰 입자로 자라게 돼요. 오염 물질과 뒤엉켜 무거워진 입자는 오염 물질을 품은 채 고스란히 우리를 향해 떨어져 우리 몸속으로 들어오는 거예요. 또 미세먼지는 우리 몸속으로 한번 들어오면 잘 배출되지 않아 여러 가지 문제를 일으킨다고 알려져 있어요. 모두가 이 부분을 걱정하는 것이랍니다.

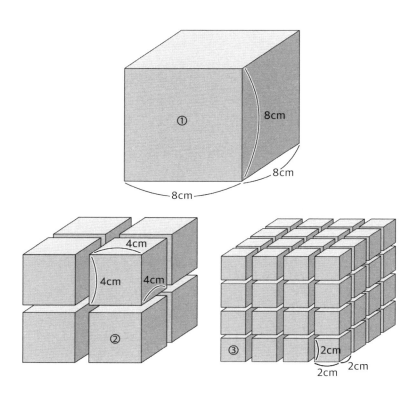

√ 방정식이 황사와 미세먼지도 예측해 준다고?

기상학자는 슈퍼컴퓨터로 일기예보를 비롯한 여러 가지 기상 현상을 예측해요. 슈퍼컴퓨터(supercomputer)란 일반 컴퓨터보다 성능이 아주 좋은 컴퓨터를 말해요. 처리 속도도 연산 능력도 비교할 수 없을 만큼 뛰어나요. 능력이 좋은 만큼 덩치도 정말 크답니다. 교실 하나가 꽉 찰 정도로 큰 슈퍼컴퓨터도 있어요. 그런데 기상을 예측하는 일은 성능이 좋은 컴퓨터도 필요하지만, 슈퍼컴퓨터로 계산할 정확하고 정교한 방정식도 필요해요.

우리가 교과서에서 배운 방정식은 x와 같은 미지수가 등식_{등호(=)를} 포함한 식에 1개 이상 존재해서, x에 대입한 수에 따라 참이 되기도 하고, 거짓이 되기도 하는 식을 말하지요. 예를 들어서 x+3=5라고 할 때, x에 2를 넣으면 참, 3을 넣으면 거짓이 되는 식처럼 말이에요. 이러한 방정식은 미지수의 개수를 늘리거나, 여러 가지 등식의 성질을 이용해서 다양한 문제를 해결하는 도구로 활용해요.

학교에서는 간단한 형태의 방정식을 배우지만, 기상을 예측하는 전문가들은 사람의 손으로는 해를 구할 수 없고 컴퓨터의 도움을 받아야만 해를 구할 수 있는 복잡한 형태의 방정식을 사용합니다.

게다가 기상 문제는 기압, 온도, 수증기 양, 바람의 세기, 바람의 방향과 같이 고려해야 할 조건이 한두 개가 아니에요. 설령 수치로 나타낼 수 있는 모든 조건이 일치하는 날이라 해도 완벽하게 똑같은 날씨를 기대하기 힘들어요. 구름의 양이나 태양의 세기와 같이 수치

운동량 보존	$\dfrac{dv}{dt} = \alpha \nabla \rho - \nabla \Psi + F - 2\Omega \times V$	—————— (1)
질량 보존(연속방정식)	$\dfrac{\partial \rho}{\partial t} = -\nabla \cdot (\rho V)$	—————— (2)
이상기체 상대방정식	$P = \rho RT$	—————— (3)
열역학 제1법칙(에너지 보존)	$\dfrac{ds}{dt} = C_p \dfrac{1}{\Theta} \dfrac{d\Theta}{dt} = \dfrac{Q}{T}$	—————— (4)
수증기 보존	$\dfrac{dq}{dt} = E - C$	—————— (5)

<대기 지배 방정식>

출처=KIAPS

■ 방정식뿐만 아니라 '유체역학' '열전달 법칙' '물 상태 변화 법칙'과 같은 물리 법칙을 함께 활용하면, 위와 같은 복잡한 '대기 지배 방정식'을 구성할 수 있어요. 이 방정식을 활용하면 대기의 상태 변화에 따라 달라지는 날씨를 예측할 수 있답니다.

로 나타낼 수 없는 또 다른 변수가 생기니까요. 그러니 여기서 '수학적인 규칙'을 찾는 일은 정말 어렵죠. 그래서 가장 가까운 값, 근사한 식을 찾아 예측하는 데 활용하고 있어요.

이렇게 기후를 예측하는 데 활용할 수 있는 방정식을 설계하면, 슈퍼컴퓨터 속 프로그램에 기상 정보를 입력해 미래의 기후가 어떻게 달라지는지 알아내는 거예요. 이러한 프로그램을 '기후 모델'이라고 불러요.

이런 기후 모델은 대기, 해양, 해빙 등과 같이 복잡하고 다양한 지구 시스템을 구현하는 방정식을 기초로 해요. 예를 들어 남극의 얼음 양을 계산하고 기록해야 하는 프로그램이 설계돼 있다고 해볼게요. 이 프로그램 안에는 시간의 흐름에 따라 달라지는 얼음의 양을 측정할 수 있는 방정식이 입력돼 있어요. 이 방정식이 구하고자 하는 값은 바로 총 남아 있는 얼음의 값이에요. 방정식을 구성하는 변수에 따라 달라지는 지구의 온도와 바람의 양, 강수량, 강설량 등을 입력해 얼음의 변화를 기록하는 방정식이죠.

이런 기후 모델로 태풍113쪽 참고의 경로를 예측하거나 황사 발생을 예측하기도 해요. 황사가 발생하는 원인의 주요 요소인 흙의 종류, 흙의 상태, 바람의 속도, 비의 양, 녹지의 양 등을 변수로 두고, 황사 발생을 예측할 수 있는 방정식에 값을 입력해 결과를 얻지요.

우리나라 기상청에서 가장 많이 사용하는 황사모델 ADAM2[8]는 현재를 기준으로 72시간 뒤까지를 예측한답니다. 컴퓨터로 일종의 가상 지구를 그리고, 컴퓨터 속 가상 공간에서 대기의 이동을 시뮬레이션하면서 황사가 우리나라에 얼마나 영향을 미치는지 예측해 보는 원리예요.

√ 부등식이 있어 더욱 편해진 미세먼지 예보

한편, 미세먼지 예보는 황사와는 조금 다른 방식으로 예측합니다. 앞서 설명한 것처럼 황사는 자연 현상에 가까워서 기후 모델을 활용할 수 있어요. 그런데 미세먼지는 황사도 포함되어 있긴 하지만 그밖에도 발생 요인이 무척 많아서 여러 모델을 함께 활용해야 해요. 게다가 중국 동부 지역의 산업 활동으로 인해 배출된 미세먼지가 바람을 타고 우리나라에 큰 영향을 주고 있다는 점도 고려해야 할 부분 중 하나지요.

따라서 미세먼지 농도는 24시간 주기로 예측하고, 가장 많이 나온 값을 토대로 최종 예보 값으로 결정하는 방식을 취합니다. 이때 미세먼지가 공기 중에 얼마나 있는지를 측정한 값이 바로 '미세먼지 농도'입니다. 예를 들어 가로 1m, 세로 1m, 높이 1m인 정육면체 모양의 네모난 방이 있다고 할 때, 그곳을 가득 채운 공기 중 미세먼지 무게가 1μg 마이크로그램. 100만 분의 1g 이라면 이 방의 미세먼지 농도는 1μg/m³이지요.

다시 말해 오늘 미세먼지(PM2.5) 농도가 100μg/m³로 '나쁨' 수준이면 가로, 세로, 높이가 1m인 방 안을 가득 채운 공기 중 미세먼지 무게가 100μg이라는 말입니다. 100μg이라고 해도 0.001g에 불과하지만, 이것은 기준일 뿐이고요. 우리가 생활하는 교실의 크기가 약 200m² 정도이니, 미세먼지 무게도 적어도 200배 이상일 거예요. 그러니 목이 칼칼한 건 어쩌면 당연한 일인지도 모르지요.

서울시를 비롯한 각 지역 단체에서는 국민의 건강을 위해 일정한 기준을 두고 '미세먼지 예보'를 하고 있습니다. 대기질 상태를 예측해 방송이나 인터넷, 메시지 등으로 알려 주는 것이지요. 미세먼지를 예보함으로써 국민의 건강과 재산, 동식물의 생존과 산업 활동의 피해를 최소로 할 수 있도록 돕는 제도입니다.

미세먼지 오염도는 기상 정보와 대기 예측 모델 등을 활용해 '좋음-보통-나쁨-매우나쁨'과 같이 네 단계로 구분해요. 각 단계는 등급별 농도 범위가 정해져 있고, 하루 평균으로 해당 농도 범위에 맞는 등급을 결정하고요.

미세먼지(PM2.5) 예보등급	농도 범위(μg/m³)
좋음	0≤x≤15
보통	16≤x≤35
나쁨	36≤x≤75
매우나쁨	76≤x

미세먼지(PM10) 예보등급	농도 범위(μg/m³)
좋음	0≤x≤30
보통	31≤x≤80
나쁨	81≤x≤150
매우나쁨	151≤x

미세먼지(PM2.5) 예보 등급이 '좋음'이라면 농도가 0μg/m³ 이상 15μg/m³ 이하, '보통'은 16μg/m³ 이상 35μg/m³ 이하, '나쁨'은 36μg/m³ 이상 75μg/m³ 이하, '매우나쁨'은 76μg/m³ 이상일 때를 말합니다. 이렇게 줄글로 설명하면 그 기준을 한눈에 알기 어렵지요. 그래서 미세먼지 예보 등급처럼 수치 범위에 따라 기준이 나뉘는 경우에는 표나 부등식으로 정보를 정리하면 훨씬 빠르게 파악할 수 있습니다.

초미세먼지(PM2.5)의 예보 등급과 미세먼지(PM10)의 예보 등급을 한 단계 더 나아가 부등식으로 정리해 볼까요? 수학에서 부등식은 부등호(<, >, ≤, ≥)를 써서 수 또는 식의 대소 관계를 나타낸 식을 말합니다. 때로는 식에 미지수 x를 포함해서, x값에 따라 참 또는 거짓이 되는 부등식을 세우기도 하죠. 현재 공간의 미세먼지 농도를 x라 할 때, 예보 등급의 표(59쪽)를 부등식으로 표현할 수도 있습니다.

미세먼지 농도 x는 각 행정 구역을 단위 지역으로 쪼갠 다음, 해당 단위 지역을 대표할 만한 곳에 측정소를 설치해서 측정합니다. 그런 다음에 시간 내 미세먼지 양의 평균을 구해서, 다음과 같은 기준에 따라 예보 등급을 결정하고 발표하죠.

이때 사용하는 대푯값이 '평균'이라는 점도 주목해야 합니다. 여기서 말하는 대푯값은 통계 자료 전체의 특징을 대표하는 값을 말해요. 대푯값 중에서 가장 잘 알려진 '평균'은 자료의 유리한 일부분만 공개되는 것을 막고, 자료를 대표하는 '보통의 값'을 이야기할 때 쓰입니다. 가장 쉽게 평균을 구하는 방법은 자료의 값을 모두 더해서 자료의 수로 나누면 돼요.

그런데 미세먼지 농도와 같이 일부 지역, 일부 측정소에서 측정된 값이 그 동네의 미세먼지 예보 등급을 대표할 때는 가끔 평균의 한계가 나타날 수 있어요. 만일 우리 집 측정기로 미세먼지(PM2.5)를 쟀더니 농도가 30μg/m³이라고 나왔습니다. 미세먼지 농도 기준대로라면 '좋음' 등급이어야 합니다. 하지만 우리 집에서 가장 가까운 측정소의 미세먼지(PM2.5) 농도가 50μg/m³이어서 단순히 평균($\frac{30+50}{2}$)을 구해서 우리 동네의 미세먼지는 '나쁨' 등급이 될 수 있다는 말이에요. 이러한 한계가 있어 미세먼지 예보 등급은 시간 평균을 기준으로 삼아서 대푯값의 오차를 줄이려고 최선을 다하고 있습니다.

구분	환경 기준(일평균, μg/m³)	예보 등급(일평균, μg/m³)			
		좋음	보통	나쁨	매우나쁨
PM-2.5	50	0~15	16~35	36~75	76~
PM-10	100	0~30	31~80	81~150	151~

자료 출처 : 서울시 미세먼지정보센터 홈페이지(bluesky.seoul.go.kr) /
2018년 3월 27일부터 기준 변경

    산책길을 방해하는 미세먼지를 떠올리면서 우리는 초등학교에서 배우는 단위 개념부터, 중학교 때 배우는 부등식과 통계, 실생활에 꼭 필요한 자료의 정리까지 살펴봤습니다. 미세먼지에 이렇게 다양한 수학 지식이 활용되고 있다는 사실이 신기하기도 해요. 그만큼 수학은 우리 생활과 밀접히 관련된, 친근한 학문이라는 걸 다시금 떠올리게 됩니다.

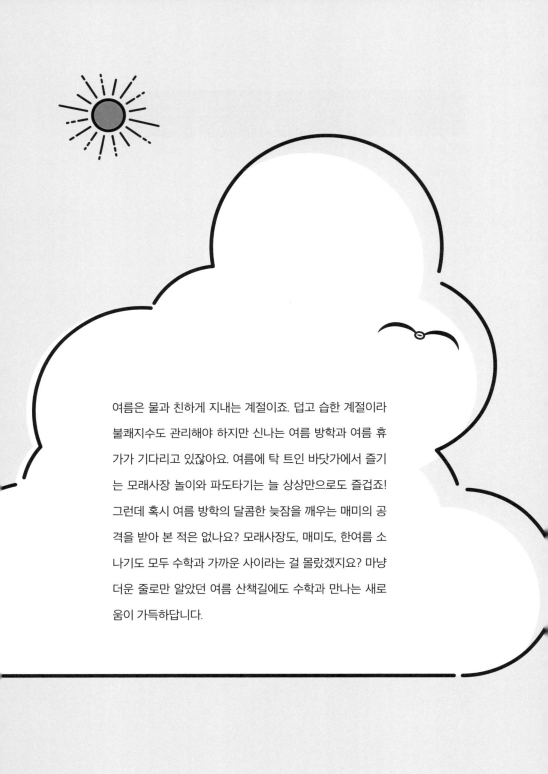

여름은 물과 친하게 지내는 계절이죠. 덥고 습한 계절이라 불쾌지수도 관리해야 하지만 신나는 여름 방학과 여름 휴가가 기다리고 있잖아요. 여름에 탁 트인 바닷가에서 즐기는 모래사장 놀이와 파도타기는 늘 상상만으로도 즐겁죠! 그런데 혹시 여름 방학의 달콤한 늦잠을 깨우는 매미의 공격을 받아 본 적은 없나요? 모래사장도, 매미도, 한여름 소나기도 모두 수학과 가까운 사이라는 걸 몰랐겠지요? 마냥 더운 줄로만 알았던 여름 산책길에도 수학과 만나는 새로움이 가득하답니다.

Part 02
여름

무덥고 화창한 여름,

산책하며 만나는

시원한 수학 이야기

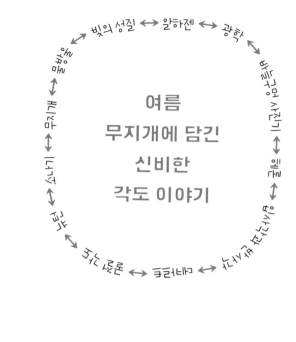

여름
무지개에 담긴
신비한
각도 이야기

여름철에는 소나기가 자주 와요. 갑작스럽게 내리는 소나기에 산책을 멈춰야 하지만 비가 그치고 나면 하늘은 더욱 새파래지지요. 그파란 하늘에서 종종 '이것'을 만나기도 해요. 바로 '무지개'예요. 무지개는 아름다운 빛깔은 물론, 모양까지 완벽한 모습으로 지구 곳곳에 나타납니다. 신비한 기상 현상인 이 무지개는 비와 단짝이죠. 영어 단어로 확인하면 훨씬 더 명확해요. 무지개rainbow가 바로 '비rain가 내린 뒤에 볼 수 있는 활bow'이란 뜻이니까요.

비가 올 때마다 무지개를 볼 수 있는 건 아니잖아요? 소나기가 내린 뒤 내리쬐는 해를 등졌을 때, 여러 가지 조건을 만족해야만 무지개를 볼 수 있어요. 그러니 사람들이 비 온 뒤 산책길에서 무지개를 만난다면 얼마나 반갑고 기분이 좋을까요. 한여름에 줄기차게 내리는 소나기를 핑계 삼아 무지개 이야기를 해보려 합니다.

√ 무지개는 원래, 하얗고 동그랗다고?

단어의 뜻처럼 대부분의 무지개는 활처럼 반원 모양을 하고 있잖아요? 그런데 원래 무지개는 구 모양이라는 사실을 알고 있었나요?

■ 비행 중에 창밖으로 발견한 동그란 무지개. 보통 지상에서 동그란 무지개를 찾기는 쉽지 않아요.
사진 출처 : 위키피디아

하지만 둥근 무지개는 쉽게 볼 수 있는 게 아니에요. 여러 가지 조건을 만족해야 사람 눈으로도 둥근 무지개를 볼 수 있습니다.

첫 번째 조건은 해가 수평선 또는 지평선에서 되도록 멀리 떨어져야 한다는 거예요. 그렇지 않으면 무지개가 지평선에 가려져 그 일부만 보이거든요.

두 번째 조건은 구름 속 얼음 결정이 반드시 육각형이어야 하고, 세 번째로는 구름에 반사되는 빛의 각도가 최대를 이루는 게 좋습니다.

만약 구름 속에 찌그러진 얼음 결정이 채워져 있다면, 또 빛의 반사 각도가 달라지고, 빛의 각도가 최대를 이루지 않으면 무지개가 빨, 주, 노, 초, 파, 남, 보의 순서로 보이지 않을 확률이 높거든요.

이런 조건을 갖췄더라도 지상에서 관찰하긴 어려워요. 비행기를 타고 있는 정도로 높은 곳에서 엄청난 행운이 따를 때 내려다보면 사진처럼 구 모양 무지개를 만날 수 있다고 하네요!

보통의 무지개는 대부분 비가 온 뒤에 볼 수 있어요. 비가 내리면 공기 중에 물방울이 많아지거든요. 그런데 무지개를 이해하려면 먼저 '빛의 대표적인 성질'에 대해 알아야 해요.

√ 빛의 성질을 알아야 무지개가 보인다!

아라비아(현재 이집트) 수학자 알하젠(Alhazen, 965?-1039)은 아주 오래전에 빛 연구에 매진한 사람이에요. 수학, 광학, 물리학 등을 넘나들며 책을 여러 권 쓰기도 했는데, 그중 그가 가장 애정을 둔 책은 『알하젠의 광학서(Opticae thesaurus Alhazeni libri)』 일곱 권 i-vii으로 알려져 있어요. 이 책은 알하젠이 죽고 난 뒤 거의 500년이나 지난 다음에 라틴어로 번역돼 1572년에 세상에 소개됐어요. 1권부터 3권까지는 빛의 직진성이나 빛의 굴절(꺾임)과 빛의 반사(입사각과 반사각이 같다는 내용), 눈의 구조와 원리를 소개했어요. 나머지 책에는 자신이 공부하고 정리한 과학 이론이 담겨 있대요.

이 책의 일부는 바르부르크 연구소에서 영어로 된 파일로 올려 두어서 누구나 내려받아 읽을 수 있어요.[9] 유명한 천문학자 요하네스 케플러(Johannes Kepler, 1571-1630)가 이 책을 보며 공부했다는 일화도 전해지면서 주목을 받았지요.

알하젠은 당시 사람들이 태양을 경험하며 믿어 의심치 않았던 '빛의 직진성'에 대해 직접 간단한 실험을 해서 학문적으로 증명하려고 했어요. 그는 어떤 빛도 새어 나오지 않는 암실에서 문에 구멍을 뚫고 문과 벽을 잇는 실을 팽팽하게 직선으로 연결했어요. 그리고 빛줄기가 방 안으로 어떻게 들어오는지 관찰했지요. 그 결과, 구멍에서 들어오는 빛은 팽팽한 줄을 따라 평행하게 관찰됐어요.

■ 알하젠은 암실 문에 구멍을 뚫어서 안과 밖을 실로 팽팽하게 잇고, 문밖에서 빛을 밝혀 빛이 실을 따라 곧게 들어오는 걸 관찰했어요.

이로써 알하젠은 '빛은 직진한다'는 것을 확신했어요. 그는 빛이 직진하는 성질을 활용해 사람 눈의 원리를 비교해서 다음과 같이 설명했어요.

"작은 구멍이 뚫린 어두운 방은 바로 우리 눈의 모델이다. 빛은 우리 눈의 작은 구멍을 통해 들어온다. 그것은 똑바른 선 모양으로 들어온다."

알하젠 이전에도 수학자들은 오래전부터 빛과 관련된 광학이라는 학문의 발전에 도움을 주는 기초 학문을 수학으로 다져 놓았어요. 이와 관련된 재미난 일화 하나를 소개하지요.

이 이야기는 2세기 로마의 작가이면서 그리스 문학을 대표하는 루키아노스의 기록에 등장합니다. 기원전 214년, 고대 로마는 한창 제2차 포에니 전쟁 중이었어요. 포에니 전쟁은 로마와 고대 도시 중 하나였던 카르타고가 치른 전쟁이었어요. 제1차 전쟁에서 승리를 거둔 로마군이 그리스의 한 도시 시라쿠사를 다시 공격했어요. 위기에 빠진 시라쿠사는 수학자 아르키메데스에게 비상 대책을 논의했다는 일화가 전해져요.

이때 아르키메데스는 '빛'과 '거울'을 이용한 '죽음의 광선'이라는 무기를 떠올려요. 시라쿠사는 아르키메데스의 죽음의 광선으로 정박 중이던 로마 전함을 불태워 전쟁해서 승리할 수 있었다고 해요. 이 죽음의 광선은 거울을 태양을 향하게 비춘 다음, 적당히 기울여 전함을 향해 반사시키는 원리를 이용한 것이지요.

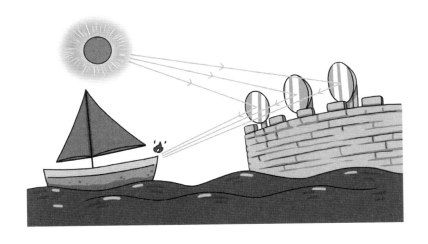

아르키메데스가 떠올린 '죽음의 광선'의 원리는 아주 간단합니다. 태양 빛을 한곳에 모아 반사시켜 불을 붙이는 기구를 떠올린 것이지요. 그 도구로 '거울'을 활용한 것이고요. 구리나 청동으로 만든 거울을 한곳에 고정하고, 초점 거리를 계산해 불을 붙이고자 하는 지점으로 빛을 반사시키는 원리입니다. '빛은 직진한다', '빛의 입사각과 반사각은 항상 같다', '두 선이 한 점에서 만나서 생기는 맞꼭지각은 항상 같다'는 빛의 성질을 이용한 결과이기도 해요.

특히 입사각과 반사각의 크기가 항상 같다는 명제는 그리스 수학자 헤론(Heron)이 삼각형과 거울을 이용해 간단하게 증명했답니다. 여기서 입사각이란 다음 그림에서 표시한 대로 빛이 거울 면에 닿을 때, 거울 면과 수직으로 만나는 선과 이루는 각을 말해요. 반사각은 단어 그대로 거울 면에 닿았던 태양 빛이 다시 반사돼 나아갈 때, 거울 면과 수직으로 만나는 선과 이루는 각을 말하고요. 헤론은 태양 빛

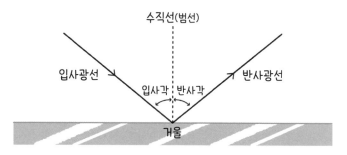

수직선(범선)

입사광선　　　　　　　　　반사광선

입사각｜반사각

거울

■ 빛을 반사하는 거울 면과 수직으로 만나는 선(그림에서는 점선)을 기준으로, 입사각과 반사각을 측정할 수 있어요.

을 거울 면을 통과해서 지나가지 않고, 각도를 조절해 한 지점으로 빛을 모을 수 있는 현상을 관찰해서 증명한 거예요.

아래 그림과 같이 점 A에서 출발한 빛은 거울 면(점 D)을 만나 점 B로 반사됩니다.

이때 빛이 점 D에서 반사되지 않는다면 점 C로 가겠지요. 점 B와 C는 거울을 사이에 두고 서로 대칭이므로 ∠ⓒ와 ∠ⓛ은 항상 같아요. 그런데 ∠ⓛ과 ∠㉠은 맞꼭지각으로 항상 같으니까, ∠㉠과 ∠ⓒ,

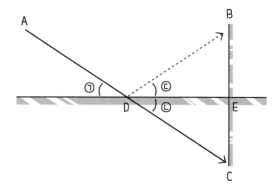

즉 입사각과 반사각은 항상 크기가 같다는 것을 알 수 있죠. 이처럼 우리가 학교에서 각의 성질을 배울 때, 맞꼭지각의 크기가 같다는 성질도 여기서 출발한 거예요.

√ 무지개 생성 원리를 가장 먼저 확인한 수학자 데카르트

과거 하늘에서 무지개를 관찰한 여러 과학자들은 무지개가 생기는 원리를 알아내려고 열심히 모여서 토론하고 연구했어요. 하지만 1610년대 초반까지 그 누구도 무릎을 칠 만큼 '명쾌한 해답'을 얻지 못했지요. 당시 사람들은 그저 '무지개'를 신기한 기상 현상으로만 볼 뿐, 무지개가 어떤 원리로 생기는지 전혀 알지 못했거든요.

같은 시대에 활동하던 과학자들은 빛이 굴절하는 성질도 연구하고 있었어요. 그중 한 사람이었던 프랑스의 수학자이자 물리학자인 르네 데카르트(René Descartes, 1596-1650)는 수학, 철학, 물리학, 생리학, 기상학, 광학 등 여러 분야를 넘나들며 활동했습니다. 특히 빛의 성질을 연구하는 광학과 자연 현상을 설명하는 기상학에 관심이 많았어요. 그러다 보니 자연스레 무지개를 연구하게 됐습니다.

여기서 잠깐, 빛이 직진한다는 성질은 알하젠이 증명했으니 이제 빛의 '굴절'과 '산란'까지 이해하면 무지개 원리를 과학적으로 설명할 수 있어요. 굴절이나 산란이란 단어는 과학 용어로 많이 쓰이는데, 한자어라서 조금 어렵게 느껴질 수 있어요.

굴절이란, 휘어서 꺾이는 현상을 말해요. 산책길에 놀이터를 지나다가 갑자기 눈부심을 경험한 적이 있다면, 여러분은 모두 빛의 굴절을 경험한 거예요. 반짝반짝 빛나는 미끄럼틀에 부딪혀 방향이 꺾인 햇빛이 여러분의 눈을 부시게 한 거니까요.

산란이란, 흩어지는 현상을 말해요. 눈이 부셨던 미끄럼틀로 가까이 다가가니, 반사된 빛이 아른아른하게 출렁이는 느낌을 받은 적이 있나요? 그건 바로 빛이 흩어지며 눈에 어른거려 그런 거예요.

데카르트는 빛을 날아가는 공에 비유해 굴절을 설명했어요. 공이 딱딱한 바닥이 아닌 종이나 천과 같이 강도가 약한 물체에 부딪친 다음에 이것을 뚫고 진행하는 경우를 상상했거든요.

예를 들어 다음(74쪽) 그림과 같이 A에서 C 방향으로 공을 던지려고 해요. 이때 A와 C 사이에는 종이막이 가로막혀 있어요. A에서 C 방향으로 던진 공은 B 지점에서 종이막을 만나, 종이막을 뚫으면서 속도가 줄어들어요.

이때는 수직 방향으로 작용하는 속도만 줄고, 수평 방향으로 작용하는 속도는 그대로예요. 그 결과, 던진 공은 C 방향이 아닌 진행 방향이 꺾여서 D 방향으로 날아가요.

마침내 데카르트는 1618년 이 실험을 빗대어 빛의 중요한 성질 중 하나인 '굴절의 법칙'을 설명했어요. 데카르트의 실험을 빗대어 설명하면 '날아오던 공(빛)이 종이막(매질의 경계)을 만나면, 굴절의 법칙 때문에 진행 방향이 달라진다'라고 이야기할 수 있어요.

물리학에서는 어떤 파동(본문에서는 빛)을 한곳에서 다른 곳으로 옮

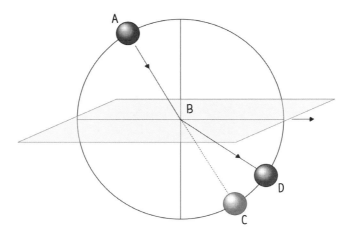

■ 데카르트는 이 실험과 공기 중에서 물속으로 빛을 비출 때 빛이 꺾이는 현상을 빗대어 설명했어요.

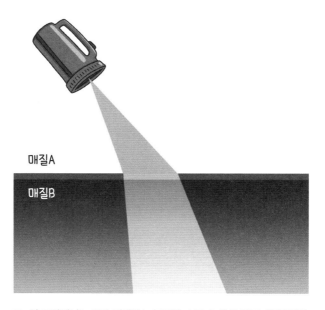

매질A

매질B

■ 이 그림에서는 빛을 전달하는 공기와 수조 속 물이 바로 매질이에요.

겨 주는 매개체를 '매질'이라고 불러요. 이 용어가 조금 어렵지만, 과학책에서 사용하는 용어도 함께 말해 줘야 더 궁금한 내용은 스스로 찾아볼 수 있으니 이야기하고 넘어갈게요. 또, 굴절의 법칙은 '스넬의 법칙'이라고도 부릅니다. 데카르트는 이 현상을 이론으로 설명했지만, 수식으로 설명한 사람은 네덜란드 수학자 빌레브로르트 판 로에이언 스넬(Willebrord van Roijen Snell, 1591-1626)이었거든요.

√ 뉴턴이 처음 설명한 일곱 빛깔 무지개

무지개는 원래 하얀색이라는 사실을 알고 있나요? 하얀빛이 공기 중 물방울을 만나면, 이 물방울 입자가 매질 역할을 해서 하얀 빛을 굴절을 시켜 주고, 그 결과 빨주노초파남보로 빛을 내는 거예요. 데카르트가 증명한 것처럼 빛이 어떤 표면(경계)을 만나 꺾이는 현상(굴절)으로 무지개가 생기는 거예요.

무지개는 자연환경이 아닌 실험실에서도 발견할 수 있어요. 주로 과학 시간에 삼각기둥 모양을 한 프리즘을 실험 도구로 사용해요.

여기서 프리즘이란, 표면이 평평한 물체로, 빛을 굴절시키는 역할을 해요. 그러니까 실험실에서는 프리즘이 자연 속 물방울 같은, 일종의 매질 역할을 하는 거지요. 삼각 프리즘은 하얀빛을 7가지 색 '빨주노초파남보'로 분리할 수 있어요. 하얀빛이 프리즘을 만나면, 빛의 굴절 현상이 바로 나타나 빛이 빨주노초파남보로 펼쳐져서 보

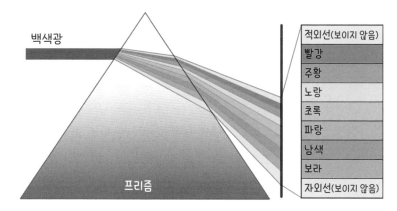

백색광

적외선(보이지 않음)
빨강
주황
노랑
초록
파랑
남색
보라
자외선(보이지 않음)

프리즘

■ 무지개는 원래 하얀색 빛이 프리즘을 만나 굴절되면서, 그 각도에 따라 여러 빛깔이 나타나는 원리예요. 하얀빛이 프리즘이라는 삼각기둥 모양의 광학 도구를 통과하면 빛의 굴절 현상을 관찰할 수 있습니다.

이는데, 이를 '빛의 스펙트럼'이라고 불러요.

빛은 프리즘(매질)에 닿으면 파장에 따라 다른 굴절률을 보이지요. 하얀빛이 프리즘을 통과하면서 굴절되는 정도에 따라 빨주노초파남보로 펼쳐져서 보이게 돼요. 이를 통해 하얀빛으로 보였지만 실은 여러 파장의 빛이 모여 있었다는 걸 알 수 있어요. 이렇게 파장별로 달리 굴절되어 다른 색들로 펼쳐 보이는 것을 빛의 스펙트럼이라고 부르는데, 여기서 스펙트럼이란 연속적으로 나타나는 색깔의 띠를 말하는 용어예요.

그럼 이제 어떻게 빨주노초파남보로 색이 다 다르게 나타나는지를 알아봐야겠죠? 다시 데카르트의 연구로 돌아가요. 데카르트는 무지개에 대해서 1637년부터 본격적으로 연구하기 시작했습니다. 데카르트는 '빛이 굴절되는 각도에 따라 빛의 색이 다르게 나타난다'는 사실을 알게 됩니다. 어떻게 이 사실을 알아냈느냐면 바로 수학으로 알아냈지요.

데카르트는 색에 따라 달라지는 빛이 굴절(휘어서 꺾임)하는 각도를 계산하는 식을 세웠어요. 그리고 정말 수만 번 무지개를 '작도'했어요. 작도란, 조건에 알맞은 도형을 그리는 일을 말해요. 수학에서는 눈금 없는 자와 컴퍼스만으로 도형을 그리는 작업을 뜻하지요.

데카르트는 다음(78쪽) 그림에 표시한 굴절 각도를 x°라 하고 무지개와 관찰자 사이의 거리, 무지개가 떠 있는 높이 등을 측정[10]해 각의 크기에 따라 달라지는 비율을 정리한 삼각비와 비례식을 세워 계산했지요. 이 x°를 계산한 결과, 눈에 보이는 무지개색에 따라 x°가 모두 조금씩 달랐어요. 빨간색 빛은 약 42°, 보라색 빛은 약 40°로 나타났지요.

이 내용은 데카르트가 쓴 『기상학』이라는 책에 기록돼 있어요. 하지만 데카르트의 연구는 이렇게 '무지개가 내뿜는 색에 따라 굴절 각도가 모두 다르다'는 사실을 알아내는 데에서 멈췄어요. 무지개색이 왜 일곱 빛깔로 나뉘는지 정확히 설명하진 못했거든요. 이 연구는 우리가 잘 아는 과학자 뉴턴이 이어 갑니다.

영국의 수학자이자 물리학자, 그리고 천문학자인 아이작 뉴턴(Isaac Newton, 1642-1727)은 앞에서 소개했던 프리즘을 이용해 빛 실험에 몰두했어요. 특히 프리즘의 크기와 두께, 거리 등 실험 조건을 다양하게 바꿔 2년 동안 매달렸지요. 불의의 사고로 하마터면 시

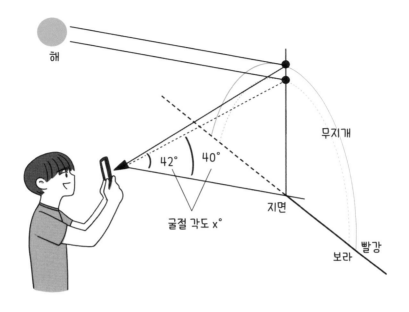

력을 잃을 뻔했지만 프리즘을 두 개 설치하는 등 새로운 시도를 하며 연구를 계속 이어 갔습니다.

그 결과 '햇빛에는 여러 가지 다른 색의 빛이 섞여 있다'는 것과, 햇빛에 포함된 서로 다른 색의 빛은 '굴절률(꺾이는 정도)'이 다르다는 사실을 처음으로 밝히면서, 일곱 가지 색의 무지개를 처음 정의했어요. 프리즘 실험으로 관찰해 보니, 무지개는 100가지 이상의 색으로 구별됐어요. 그렇지만 성경에서도 7을 성스러운 숫자로 여기는 것을 근거로 이중에서 빨, 주, 노, 초, 파, 남, 보를 골라 무지개 색이라고 발표한 거예요.

우리나라에서도 보통 무지개를 일곱 빛깔로 이야기하죠. 그런데 무지개색은 나라와 문화마다 조금씩 다르게 말하기도 해요. 예를 들어 미국에서는 무지개 색에서 남색을 빼고 여섯 색으로 표현해요. 스마트기기를 만드는 미국의 유명한 회사인 '애플'의 회사 초창기 로고만 봐도 알 수 있지요. 미국에서는 남색과 파란색을 같은 색으로 여기는 문화가 있어서 그렇대요. 독일은 무지개를 빨, 노, 파, 검정, 회색으로, 멕시코는 빨, 노, 파, 검정, 하얀색으로 다섯 색을 말하기도 하고요.

이렇게 나라마다 무지개 색을 다르게 구별하는 이유는, 사실 빛을 프리즘에 통과시키면 무려 207가지 색으로 나눌 수 있기 때문이에요. 하지만 사람의 눈으로 유독 구별하기 어려운 색의 영역이 있고, 무지개의 경계가 모호해서 대표적으로 뚜렷한 5~7개 색을 무지개색이라고 지정해 분류하는 거랍니다.

모래사장에는
과연 모래가
몇 개나 있을까?

    출렁이는 파도를 보고 당장이라도 풍덩 뛰어들고 싶은 한여름 날. 실컷 파도를 즐기며 놀고 난 뒤에는 해변에 앉아 숨을 고르죠. 뜨거운 태양에 바싹 마른 하얀 모래가 손가락 사이를 스치고 지나갈 때쯤, 갑자기 이런 생각이 들어요.

    '아무 생각 없이 여기 앉아서 모래알을 모두 세 보라고 하면 셀 수 있을까?'

    아니, 눈앞에 시원한 바다를 앞에 두고 웬 엉뚱한 생각이냐고요? 진정한 수학 덕후는 때와 장소를 가리지 않는 법이죠. 놀랍게도 이런 엉뚱한 생각을 한 수학자가 또 있었어요.

√ 해변에 있는 모래알은 몇 개일까?

지금으로부터 2200여 년 전, 그리스의 수학자 아르키메데스(Archimedes, 기원전 287-기원전 212)는 모래알을 헤아리는 일에 꽤 진지했어요. 「모래알을 세는 사람(라틴어 : Archimedis Syracusani Arenarius & Dimensio Circuli, 영어 : The Sand Reckoner)」이라는 제목을 붙인 8쪽짜리 논문[1]을 쓸 정도였으니까요. 심지어 이 논문은

■ 그리스의 수학자 아르키메데스는 「모래알을 세는 사람」이라는 논문을 쓰면서 바닷가 산책에서 수 개념을 떠올리는 첫 단추를 끼웠어요.

사진 출처 : 픽사베이

일반인에게 연구 결과를 설명한 최초의 설명적 논문이라고 기록돼 있어요.

보통 사람들은 '모래알만큼 많다'라는 말을 막연하게 '셀 수 없을 만큼 많다'라는 의미로 써요. 그런데 아르키메데스는 이런 비유적 표현을 넘어서 모래알을 보며 '언젠가는 셀 수 있을 만큼_{유한} 많고, 더 나아가 그것보다도 큰 개념_{무한}이 존재한다'고 생각했어요.

'유한하다'는 수나 양, 공간 또는 시간에 일정한 한계가 있는 걸 말해요. 예를 들어 내 필통 속 펜의 개수는 유한하죠. 반대로 '무한하다'는 수나 양, 공간 또는 시간에 한계가 없는 걸 말해요. 1, 2, 3, … 으로 시작하는 자연수는 끝이 없으니까 무한한 거죠.

그럼 반짝반짝 빛나는 별의 수는 어때요? 모래알 수는요? 유한할까요? 무한할까요?

아르키메데스는 모래알이 유한하다고 주장했어요. 직접 우주 전체를 모래알로 채우려면 얼마나 많은 모래알이 필요한지 계산하기도 했고요. 그는 사람이 헤아릴 수 있는 '매우 큰 수'에 집중했어요. 이러한 주장은 다행히 기록으로도 남아 있어요. 당시 아르키메데스의 생각을 기록한 자료를 미국의 수학자이자 수학 역사가인 제임스 뉴먼(James R. Newman, 1907-1966)이 인용해서 논문[12]을 썼어요. 그 논문에 담긴 아르키메데스의 주장을 살펴볼게요.

"겔론 국왕께, 사람들은 대부분 모래알 수는 무한하다고 생각한다. 그러나 시라쿠사나 시실리아뿐만 아니라 지구 전체, 더 나아가 우주를 모래알로 채운다고 하더라도 셀 수 있다. 수가 많아서 무한이라고 하는 것은 큰 수를 어떻게 이름 붙일지 아직 그 방법을 생각해내지 못했기 때문이다. 그러나 큰 수를 부를 방법만 안다면 땅 전체의 무게나 깊고 깊은 바다의 깊이, 또는 가장 높은 산의 높이도 측정할 수 있다. 알맞은 단위로 묶어서 세면 그의 곱셈을 통해 제아무리 많은 모래알의 개수도 신속하게 계산할 수 있다.

나는 이것을 여러분이 인정할 수 있도록 기하학점, 선, 면과 같은 도형의 성질, 그로 이뤄지는 공간의 성질을 연구하는 수학의 한 분야으로 증명하려 한다. 큰 수를 부르는 방법은 일전에 내가 제우시푸스에게 제시한 방법으로 할 것이다. 이 방법으로 하면 지구를 채울 모래알의 수뿐만 아니라 우주를 채울 모래알의 수도 계산할 수 있다.”

이처럼 아르키메데스는 진지하게 하늘의 별과 바다의 모래알 수를 어떻게 하면 헤아릴 수 있는지를 생각하며, 새로운 수의 성질인 '무한함'에 대해 고민한 거죠. 후대에 아르키메데스의 이러한 생각은 수학자들이 '무한'의 개념을 완벽하게 정리할 수 있도록 만든 기초가 됐어요.

√ 아르키메데스의 모래알 실험

아르키메데스는 지구에 존재하는 모래알 수는 유한하며, 그 수는

10^{51}10을 51번 곱한 값개보다는 작다고 주장했어요. 실제로 수를 세는 단위 중 하나인 '항하사'는 10^{52}10을 52번 곱한 값을 나타내요. 항하사라는 수의 단위는 인도의 갠지스 강을 나타내는 단어인 항하恒河에서 비롯된 명칭이에요. 항사恒沙라고도 부르는데, 항하사는 갠지스 강의 모든 모래를 합한 숫자라는 뜻이기도 해요. 또한 항하사는 불교 용어로도 쓰이는데 '모래알처럼 무수히 많다'라는 뜻을 비유할 때 쓰인대요. 아르키메데스가 예측한 값과 항하사로 정의한 두 값은 10배 정도 차이가 나요. 그래도 꽤 비슷한 규모라고 말할 수 있지요.

그렇다면 아르키메데스는 어떻게 구체적으로 모래알 수를 제시할 수 있었을까요?

아르키메데스는 모래알을 양귀비 씨와 같다고 여기고, 양귀비 씨의 수를 세면서 모래알 수를 헤아렸어요. 이 방법은 아르키메데스가 살던 그리스에서 흔히 수를 세던 방법이었어요. 양귀비 씨로 세는 방법에도 나름의 기준이 있었답니다.

예를 들어 손가락을 가로지른 길이(너비, 약 1.8cm)는 양귀비 씨 40개를 일렬로 늘어세운 길이라고 정의한 거죠. 이런 식으로 어떤 물체의 길이를 알고 싶을 때마다 양귀비 씨를 늘어세우거나, 때론 손

■ 양귀비 씨는 사람의 장기 중 하나인 신장 모양으로 생긴 작은 기름 씨예요. 사진과 같이 주로 검은색이지만, 종류에 따라 파랗거나 하얀 것도 있어요. 사진으로는 훨씬 커 보이지만, 실제로는 깨보다 작은 모래알과 비슷한 크기예요.

사진 출처 : 위키피디아

가락을 이용해 길이를 재고 나서 그 길이를 양귀비 씨 개수와 맞바꿔 비교하는 방식을 사용했어요.

아르키메데스의 양귀비 씨 활용은 여기에 그치지 않았어요. 당시에 다른 학자들이 밝혀낸 여러 정보를 모아 우주의 크기를 정의했어요. 그때 계산한 단위와 오늘날의 단위가 조금씩 달라 완벽하게 이해할 수는 없지만, 양귀비 씨만큼 작은 단위를 시작으로 부피를 측정하는 기준 단위를 만들며 계산을 이어 갔어요. 거기에 자신이 예측한 지구 반지름 길이나 달과 태양 사이 거리를 곱하면서 공간을 확장해 지구를 모래알로 가득 채울 때와, 우주를 모래알로 가득 채울 때를 상상하며 구체적인 숫자로 연구 결과를 발표했지요.

당시에는 우주라는 어마어마한 공간이 얼마나 큰지에 대해 어떤 구체적인 숫자가 제시된 것만으로도 엄청난 화제였어요. 물론 그때 아르키메데스가 발표한 값은 오늘날의 실제 값과는 오차가 크지만, 그때가 지금으로부터 거의 2500년 전인 기원전 3세기였다는 점을 고려하면 이 자체로도 놀라운 업적이지요.

훗날 이 모래알을 세던 방식은 모래알의 수를 계산하는 것에서 멈추지 않고, 유한과 무한의 개념을 정리하는 데 아주 좋은 기초 자료가 돼요. 산책길에서 정말 어마어마한 수학을 발견한 셈이죠.

√ 하늘과 바다는 닮았다?

여전히 오늘날에도 과학자들은 우주에 있는 별의 수와 모래알 수를 비교해 설명을 해요. 과거 아르키메데스가 양귀비 씨라는 아주 작은 단서로 그 값을 추정해 결과를 얻었다면, 오늘날에는 현미경으로 관찰한 실제 값을 인용하지요. 오늘날 과학자들의 설명을 한번 들어 볼까요?

빅뱅 우주론에 따르면 우주는 약 138억 년 전에 탄생했어요. 여기서 빅뱅big bang, 우주 대폭발이란, 간단히 말해서 우주가 탄생하려는 시점에 모든 물질과 에너지가 하나의 점으로 모여 있었는데 대폭발을 시작으로 우주가 팽창해 나가고, 더 나아가 오늘날까지도 팽창하고 있다는 주장이에요. 물론 우주가 어떻게 하나의 점에서 탄생했는지, 아직 과학자들은 정확하게 밝히지는 못하고 있어요. 다만, '우주가 팽창하고 있다'는 빅뱅 우주론만 받아들이고 있죠.

빅뱅 우주론은 1920년, 러시아 수학자 알렉산드르 알렉산드로비치 프리드만(Alexander Friedmann, 1888-1925)이 최초로 주장했어요.

이론만 들으면 조금 황당한 이야기처럼 들릴지 모르겠지만, 꽤 많은 과학적인 증거가 프리드만의 주장인 빅뱅 우주론을 뒷받침하고 있답니다. 실제 탐사선을 이용해 우주를 정밀하게 관측하고, 점점 물리학 법칙으로 이론을 보강하면서 정상 우주론을 완전히 제칠 수 있었지요.

정상 우주론이란, 우주가 변하지 않는, 멈춰 있는 상태라고 믿는 거예요. '우주는 예전부터 그 상태 그대로 계속 유지되고 있는 것'이라고 주장했던 거죠. 빅뱅 우주론과 반대 주장이에요.

그런데 미국 천문학자 에드윈 허블(Edwin Hubble, 1889-1953)이 우주가 팽창하고 있는 걸 관측하는 데 성공해요. 우리가 잘 알고 있는 허블 우주 망원경도 그의 이름을 본뜬 것이죠. 허블은 우주를 관측하는 한 지점에서 일정한 거리만큼 떨어진 물체가 멀어지는 속도를 관측할 때, 관찰자로부터 먼 물체일수록 더 빨리 멀어지는 현상을 확인한 거죠. 여기에 덧붙여 허블은 '물체가 멀어지는 것처럼 보인다'라는 건, 사실 '우주 전체가 계속 팽창하고 있기 때문에 그렇게 보이는 것'이라고 설명을 했습니다.

미국 항공우주국(이하, NASA)은 오늘날까지 앞장서서 우주의 역사를 연구하고, 관찰하고 있어요. 실제로 NASA의 허블 우주 망원경으로는 약 134억 년 전까지의 우주를 관찰할 수 있어요. 2022년에 공개한 제임스 웹 우주 망원경(JWST, James Webb Space Telescope)으로 찍은 여러 장의 컬러 사진만 봐도 우리은하의 모습을 눈으로 확인할 수 있어 놀랍죠.

은하는 거대한 별 집단이에요. 별과 가스, 먼지로 이뤄져 있어요. 그중 우리은하는 우주에 존재하는 1000억 개도 넘는 은하 중 하나예요. '우리'라는 이름이 붙은 이유는 지구가 속한 태양계가 존재하는 은하여서 그래요.

우주에 있는 별 전체 수는 '은하 한 개에 있는 별의 평균 수'와 '은하의 수'를 곱해 예측할 수 있어요. 우리은하에는 약 1000억~4000억 개

■ 2022년 7월 12일, NASA가 공개한 용골자리 성운의 모습. 성운은 먼지, 수소, 헬륨이나 그 밖에 여러 이온화된 가스로 이뤄진 물질이 좁은 지역에 모여 있는 구름의 한 종류를 말해요. 지구에서 7600광년 떨어진 용골자리 성운은 우리은하에서 가장 크고 밝은 성운 중 하나예요.

사진 출처 : NASA

의 별이 있다고 알려져 있어요. 워낙 편차가 크므로 최솟값인 1000억 개라고 가정할게요. 그랬더니 관측 가능한 우주에 있는 별의 전체 수가 약 100해(10^{22}) 개 정도 될 것이라는 추측이 나왔어요.

실제로 2016년 영국 노팅엄대학교 연구팀은 우주 밀도 변화를 계산해 은하의 개수가 약 2조 개라는 연구 결과를 발표하기도 했어요. 관측 기술이 더 발달할수록 곱하는 수가 커질 테니 별의 수는 더 늘어나겠지요.

그럼 이제 모래알 수와 비교해 볼까요? 객관적인 비교를 위해서 사막이나 해변처럼 겉으로 드러나 있는 모래알만 기준으로 비교할게요. 실제로는 지각 내부에도 무수히 많은 모래알이 겹겹이 쌓여 있지만, 우리가 망원경으로 관측하는 별의 수도 표면적이니까요. 지구 표면에 드러난 해변의 넓이를 기준으로 계산했더니 이 역시 100해 개였다고 하네요.

모래알을 연구하는 수학자와 쏟아질 것 같은 별을 헤아리는 천문학자. 그들은 서로 다른 분야를 연구하지만, 밤바다를 거닐며 같은 생각을 하고 있는지도 몰라요. 여러분도 밤바다의 해변을 산책할 일이 생기면, 하늘과 바다를 보며 둘을 비교해 보세요.

혹시 여름날 숲에 가본 적 있나요? 숲 어귀에만 들어가도 다양한 동식물 소리가 오감을 자극해요. 특히 여름 숲의 정취를 돋우는 데는 '곤충 소리'가 한몫하죠. 물론 모기처럼 이 감상을 방해하는 녀석들

📖 우리나라에서 가장 흔히 볼 수 있는 참매미 모습이에요.
사진 출처 : 픽사베이

도 있지만요.

이처럼 여름은 다양한 곤충들이 활동하기에 딱 좋은 계절이에요. 이런 곤충이 있었나 싶을 정도로 여러 곤충이 모습을 드러냅니다. 그런데 혹시 이 곤충들의 다른 생김새와 행동에도 일정한 법칙이 있다는 이야기를 들어 본 적 있나요? 심지어 수학으로 해석할 수 있는 법칙이 있다니까요!

√ 매미의 특별한 생애 주기를 아시나요?

여름 끝자락에 늦잠을 허락하지 않는 소리가 있죠. 바로 우렁찬 매미의 소리예요. 고개를 들어 소리의 근원지를 찾으려 해도 도대체 어디에 붙어 우는 건지 알 수 없어요. 눈이 닿은 높이의 나무줄기부터 훑어가다 보면 나무 보호색을 띠고 배를 들썩이며 울고 있는 매미 한 마리를 발견하게 됩니다.

'잡았다 요놈!'

매미에게서는 어떤 수학 법칙을 발견할 수 있을까요? 알에서 깨어난 매미 유충이 땅속에서 머물다가 밖으로 나와 허물을 벗기까지를 '주기'라고 말합니다. 종에 상관없이 매미 대부분은 어미가 땅에 알을 낳으면, 알에서 깨어난 약충이 땅속으로 들어가요. 약충이란 번데기를 거치치 않고 성충이 되는 곤충의 유충을 말해요. 땅속에서 살던 매미의 약충은 몇 년 뒤에 나무로 올라와 허물을 벗어요. 그 주기는 종마다 모두 다르답니다.

허물을 벗은 매미는 번데기를 거치지 않고 날개 달린 모습으로 재탄생해요. 번데기 과정이 생략된 변태 과정을 불완전변태라고 불러요. 이렇게 다 자란 매미는 약 2주 동안 밖에서 일생을 보내요. 이때 수컷은 울음소리를 내어 암컷을 유혹한 다음 짝짓기를 해요. 그리고 땅에 알을 낳으면 생애를 마감합니다.

우리나라에서 가장 흔히 볼 수 있는 매미는 참매미예요. 우리나라에서 주로 관찰되는 매미는 참매미를 포함해 12종 정도예요. 참매미보다 몸집이 조금 더 큰 말매미, 울음소리가 카랑카랑한 유지매미, 온몸이 털로 덮인 털매미, 새소리와 비슷한 울음소리를 내는 애매미가 대표적이지요. 전 세계에는 매미 종류가 얼마나 있을까요? 모두 2000종이나 돼요. 이렇게나 많으니까 종마다 알에서 태어난 유충이 밖으로 나와 성충이 될 때까지 정확하게 몇 년이 걸리는지 관찰하기란 쉽지 않지요.

우리나라에서 매년 만날 수 있는 참매미는 생애 주기가 1년이라고 예측하고 있어요. 다른 매미들은 대략 3~7년을 주기로 나타나는 게 아닐까 추측하고 있답니다. 그런데 북아메리카에는 매미의 생애 주기를 정확히 예측할 수 있는 매미가 있다고 해요. 이 매미는 어느 해에는 잔뜩 나타났다가 10년이 넘게 사라집니다. 그러다가 또 일정 주기가 지나면 나타난다고 해요. 그래서 이들을 '주기매미'라고 부릅니다.

　지금까지 밝혀진 주기매미는 모두 6종이에요. 이 중에서 3종은 13년 주기로, 나머지 3종은 17년 주기로 관찰됩니다. 이 매미들은 땅속에서 일정 시간을 보내면서 영양소를 충분히 섭취하고 땅 위로 올라와요. 매미가 이렇게 긴 생애 주기를 갖게 된 이유는 무엇일까요?

　이것에 관한 여러 가설이 있는데, 그중 천적의 주기를 피하기 위한 생존 전략으로 긴 주기가 만들어졌다는 주장이 가장 잘 알려져 있어요. 주기가 다르다는 말은 결국 각 매미가 땅속에서 견디는 시간이 다르다는 뜻이에요. 유독 추위에 약한 친구들은 본능적으로 혹한기에는 땅속에 오래 지내면서 자연스레 주기가 달라졌다는 주장도 있어요. 그래서 길게는 땅속에서 14~18년씩 보내는 매미가 생겨났다고 해요.

　그런데 2021년 여름, 미국 동부 지역에 '브루드 텐(Brood X)'이라고 불리는 매미 떼가 나타났어요. 이들의 주기는 17년으로 예측됩니다. 다시 말해 2021년 여름에 나타난 브루드 텐은 2004년에 미 동부 지역에서 짝짓기를 나누던 매미의 자손들인 셈이지요. 이들은 초기에는 암컷보다 수컷이 많이 보이고, 약 6일 정도가 지나면 암컷이 더 많이 나타나는 특징을 보여요.

　이처럼 미국의 매미는 13년 주기, 17년 주기를 따르는 주기매미가 주로 서식해요. 지역마다 등장하는 주요 매미 떼 15무리브루드에는 로마자로 일련 번호(1~10, 13, 14, 19, 22, 23)를 붙여 구분합니다. 예를 들어 브루드 나인(Brood IX)은 미국 노스캐롤라이나주와 버지니

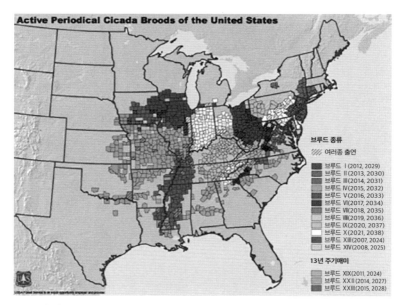

Active Periodical Cicada Broods of the United States

브루드 종류
///// 여러종 출연

브루드 I (2012, 2029)
브루드 II (2013, 2030)
브루드 III (2014, 2031)
브루드 IV (2015, 2032)
브루드 V (2016, 2033)
브루드 VI (2017, 2034)
브루드 VII (2018, 2035)
브루드 VIII (2019, 2036)
브루드 IX (2020, 2037)
브루드 X (2021, 2038)
브루드 XIII (2007, 2024)
브루드 XIV (2008, 2025)

13년 주기매미
브루드 XIX (2011, 2024)
브루드 XXII (2014, 2027)
브루드 XXIII (2015, 2028)

■ 북미 지역에서 서식하는 주기매미는 무리(브르드)를 지어 매년 다른 지역에서 출몰하는 모습을 보여요. 이를 지도 위에 그림으로 나타낸 모습이에요.

사진 출처 : 미국 산림청, US Forest Service

아주에서 주로 나타났으며, 브루드 에이트(Brood VIII)는 미국 펜실베니아주와 오하이오주에서 발견됐어요.

이처럼 13년 주기, 17년 주기를 따르는 주기매미가 관찰되면서 매미의 생애 주기가 '소수'를 따르는 신비로운 특징에 수학자들도 매미의 생애에 집중하기 시작했어요. 매미의 특별한 주기를 수학 법칙으로 풀어낼 수 있을 거라고 본 거예요.

소수란, 1과 자기 자신만으로 나누어 떨어지는 1보다 큰 양의 정수를 말해요. 예를 들어 2, 3, 5, 7, 11, 13, 17이 대표적인 소수지요.

소수는 몇 가지 특징이 있는데, 소수인 두 수를 골라 최소 공배수를 구하면, 소수가 아닌 두 수의 최소 공배수보다 그 값이 커져요.

두 개 이상 되는 자연수의 배수를 구할 때, 두 수의 공통되는 배수를 공배수라고 하고, 그중 가장 작은 수를 최소 공배수라고 불러요.

이때 소수 두 개의 경우, 최소 공배수는 두 수를 곱해서 구할 수 있어요. 소수가 아닌 두 수는 1과 자기 자신 외에도 약수가 있으므로 소수처럼 두 수를 곱한 값보다는 작은 값이 최소 공배수가 돼요. 예를 들어 12와 18의 최소 공배수를 구할 때, 12의 배수는 12, 24, 36, …으로 이어지고, 18의 배수는 18, 36, 54, …로 이어져서 36이 되거든요. 36은 12와 18을 곱한 값인 216보다는 작죠. 그런데 두 소수의 최소 공배수는 그렇지 않아요.

매미의 생애 주기가 소수로 나타나는 이유는 무엇일까요? 일정한 공간에 서로 다른 종이 한꺼번에 나타나 짝짓기를 하면, 짝짓기가 성공할 확률이 낮아지기 때문이라는 가설이 있었어요. 일본 시즈오카 대학교에 있는 요시무라 진 교수는 1997년에 발표한 논문[13]으로 이 가설을 가장 수학적으로 뒷받침해요.

만약 어떤 매미의 생애 주기가 6년이라고 가정해 봅시다. 6은 1, 2, 3, 6으로 나누어 떨어지죠. 이 말은 즉 6의 약수가 1, 2, 3, 6이라는 말입니다. 그러면 매미의 천적 중에 생애 주기가 1, 2, 3, 6년인 동물이 있다면, 이 매미는 6년마다 세상 밖으로 나올 때 천적들도 자신의 생애 주기에 맞춰 세상에 나올 거예요. 그렇게 되면 이 매미는 바깥세상에서 수많은 천적을 만나게 되고, 그들의 공격에서 살아남아야 하겠죠.

　요시무라 교수는 자신의 논문에서 13, 17과 같은 소수는 최소 공배수가 커서 다른 주기를 갖는 매미와의 경쟁을 피할 수 있다고 주장했어요. 왜냐하면 13의 배수는 13, 26, 39,…이고, 17의 배수는 17, 34, …인데, 13과 17은 소수여서 13과 17의 공배수는 13×17로 221의 배수와 같아요. 이때 가장 작은 공배수인 221이 최소 공배수가 되는 것이고요. 이 설명대로라면, 13년 주기매미와 17년 주기매미는 221년에 한 번씩만 마주칠 수 있다는 거예요. 그 결과, 소수 주기로 진화한 매미들이 자손들을 많이 남기고 살아남았다는 거지요.

　예를 들어 주기가 12년과 15년인 매미가 있다면, 최소 공배수가 60이에요. 12의 배수는 12, 24, 36, 48, 60,…이고, 15의 배수는 15, 30, 45, 60…이므로, 12와 15의 공배수가 60의 배수와 같죠. 이때 최소 공배수는 60이고요. 그러므로 60년 뒤에 두 종이 만나 짝짓기를 하고 경쟁할 수 있지요.

　그런데 13년 주기매미와 17년 주기매미가 동시에 나타나는 해는 13과 17의 최소 공배수인 221, 즉 221년에 한 번꼴이라는 말이에요. 그 사이에는 어떤 방해도 없으므로 같은 종끼리 번식하기에 유리하다는 이야기예요.

　이렇게 여러 가설이 있지만 아직까지 매미의 생애 주기를 완벽하게 수학적으로 증명한 논문은 나타나지 않은 상태랍니다.

√ 매미의 울음에 담겨 있는 방정식을 찾아서

매미는 종마다 그 울음소리가 모두 달라요. 우리나라를 대표하는 참매미는 익숙하게 '맴맴맴맴매앰~'하고 일정한 패턴으로 울지요. 손가락 세 마디 정도 되는 작은 몸집을 지닌 매미가 어떻게 우리의 단잠을 깨울 정도로 큰 소리를 낼 수 있는 걸까요? 그 이유는 바로 매미의 몸속 절반이 비어 있기 때문이에요. 마치 현악기가 소리를 내는 원리와 비슷하지요. 나무로 만든 기타에서 기타 줄을 튕기면 속이 텅 빈 기타 속에서 울림을 만들어 소리를 내잖아요.

매미가 울 때는 양쪽 옆구리에 달린 진동막을 튕겨, 텅 비어 있는 몸통 안에서 공명하며 소리가 울려 퍼져요. 암컷 매미는 진동막도 없고, 뱃속에 알이 가득 차 있어서, 사랑의 세레나데를 할 수 있는 건 수컷 매미뿐이에요.

매미의 이러한 울음소리에서 규칙을 찾아 방정식을 찾아낸 수학자도 있어요. 여기서 방정식이란, 어떤 두 개 이상의 관계 속에서 찾아낸 규칙을 수와 문자로 만드는 등식이에요. 이 식에 있는 문자에 대입하는 값에 따라 참이 되기도, 거짓이 되기도 하는 등식이랍니다. 학교에서는 일차방정식, 이차방정식 등을 배우며 접하게 돼요.

그런데, 매미 울음소리에서 규칙을 찾아주는 방정식은 그것보다는 훨씬 복잡한 형태를 갖추고 있어요. 미분 방정식이라는, 훨씬 더 고차원적인 방정식을 활용해 우리에게 익숙하지 않지요. 그래서 더욱 어렵게 느껴질 수 있는데 여기서는 '매미 소리 크기를 구할 수 있는 방정식도 있구나' 정도만 알고 넘어가도 좋아요.

다시 연구로 돌아와 에스테반 타바크(Esteban G. Tabak) 미국 뉴욕대학교 수학과 교수 연구팀은 2016년에 매미의 진동막에 붙어 있는 근육의 길이와 진동막의 움직임, 이때 발생하는 진동수를 고려해 '시간에 따라 달라지는 매미 소리 크기를 계산할 수 있는 방정식'을 만들었어요.

그 결과, 연구팀은 진동막이 내는 울음소리는 시간에 따라 점점 커진다는 사실을 알아냈어요. 그리고 매미 한 마리가 울기 시작하면, 그 근처에 있던 같은 종의 매미가 신호로 알아듣고 소리를 더해 점점 커다란 소리로 울려 퍼진다는 사실도 알게 됐답니다.

덥고 습한 여름 산책길에서, 잠시 해를 피해 나무 그늘로 숨으면 마치 기다렸다는 듯 맴맴~하고 우렁찬 소리가 들리죠. 다음 여름에 혹시라도 매미를 마주하게 되면, 그 소리가 얼마나 규칙적인지 귀 기울여 보세요. 매미의 특별한 생애 주기만큼이나, 특별한 산책이 될 테니까요.

이글이글 작열하는 태양, 뜨거운 여름날에는 산책이 엄두가 나지 않죠. 그렇지만 우리에게는 여름 방학이 있잖아요? 소중한 여름 방학을 집에서만 보낼 순 없죠. 시원한 에어컨 밑에서 발길이 잘 떨어지지 않지만, 용기를 내어 바깥으로 나섭니다.

아마 누구나 한 번쯤 이런 경험을 한 적이 있을 거예요. 횡단보도나 보도블록을 지날 때 같은 색 블록만 밟고 지나가거나, 바닥을 빼곡하게 덮은 보도블록 중 같은 패턴만 밟아 건넌 경험 말이에요. 재미있는 놀이처럼 친구들과 함께 해보기도 해요. 우리도 모르게 단조로운 일상에서 작은 재미와 호기심이 발동되는 순간이지요. 그러다 보면 새삼 궁금해져요. 이렇게 아귀가 딱딱 들어맞는 보도블록의 모양은 누가 만들었을까요? 네모진 블록만이 아니라 물결 모양, 다각형 모양 등 다양한 모양이 있는데 이 모양을 어떻게 바닥에 잘 맞춰 깔았을까요?

혹시 스마트폰을 하느라 주변을 둘러볼 여유가 없었다면, 과감하게 이번 산책에서는 휴대전화를 내려놓고 주위를 둘러보세요. 평범한 가로수길도, 하루에도 몇 번씩 오가던 학교 건물 앞 인도에서도 우리의 흥미를 유발하는 재미있는 도형들을 만나 볼 수 있을 겁니다.

√ 보도블록 타일이 될 수 있는 도형은?

길을 걷다가 보도블록을 발견하면, 가장 먼저 '타일 한 조각'이 어떤 모양인지 살펴보세요. 거리에 보도블록을 설치할 때는 타일끼리 겹치거나 빈 곳이 생기면 안 되기 때문에 가장 기본이 되는 타일 모양이 아주 중요하거든요.

타일의 모양과 크기가 서로 다른 타일을 써서 바닥을 채우는 경우도 종종 있는데, 이럴 때는 평면을 빈틈없이 채우도록 설계하는 게 더 어렵겠지요.

보통 보도블록 타일로는 직사각형이나, 직사각형에서 변형된 도형, 정사각형과 같이 네모반듯한 모양을 가장 많이 활용해요. 이때 정사각형이나 정육각형처럼 변의 길이와 각의 크기가 모두 같은 다

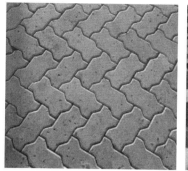

■ 길거리에서 누구나 쉽게 마주칠 수 있는 보도블록. 동네마다 서로 다른 모양의 타일로 바닥이 덮여 있어요.

사진 출처 : 픽사베이

각형을 '정다각형'이라고 불러요. 정다각형은 정삼각형, 정사각형, 정오각형…처럼 종류가 무수히 많은데, 그중에서 보도블록 타일로 가장 많이 쓰이는 건 정사각형과 정육각형이에요.

이렇게 도형으로 평면이나 공간을 빈틈없이 채우는 것을 수학에서는 '테셀레이션', 다른 용어로는 '타일링', 우리말로는 '쪽매맞춤'이라고 불러요. 수학자는 테셀레이션이 가능한 도형을 연구해요. 수학자의 연구도 정사각형이나 정육각형과 같은 기본 도형에서 출발했답니다.

정다각형 중에는 정삼각형과 정사각형, 정육각형 이렇게 세 도형만 테셀레이션이 가능하다고 알려져 있어요. 정다각형의 한 내각이 360의 약수여야만 빈틈없이 평면을 메울 수 있거든요. 정오각형의 경우에는 한 내각의 크기가 108°이고, 이는 360의 약수가 아니라서 한 평면 위에 정오각형 3개를 이어 붙이면 360°에서 36°만큼 모자

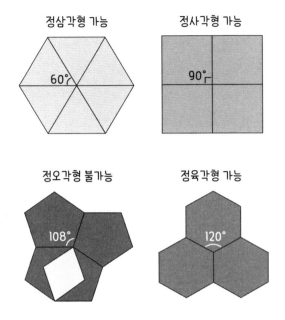

정삼각형 가능

정사각형 가능

60°

90°

정오각형 불가능

정육각형 가능

108°

120°

▌ 테셀레이션이 가능한 정다각형은 정삼각형, 정사각형, 정육각형뿐이에요.
정오각형이 불가능한 이유는 3개는 모자라고 4개는 넘치기 때문입니다.

라고, 4개를 이어 붙이면 360°에서 72°만큼 넘쳐 빈틈이 생기거나
겹치는 부분이 생기지요. 그래서 정오각형 타일만으로는 빈틈없는
평면을 완성하기란 어려워요.

한 점을 기준으로 사방은 360°입니다. 이 360°를 같은 도형으로
채우려면 그 도형의 내각이 360°의 약수여야 해요. 이를테면 내각이
60°인 정삼각형은 정삼각형 6개가 모이면 한 점을 둘러싼 360°를
채울 수 있습니다. 또 90°인 정사각형은 정사각형 4개로 360°를 채
울 수 있답니다. 120°인 정육각형은 정육각형 3개로 360° 평면을 채

울 수 있어요.

물론 두 개 이상의 다각형을 이어 붙여서 한 꼭짓점에 모이는 도형 내각의 합을 360°로 만들면 평면은 빈틈없이 채울 수 있습니다. 실제 보도블록을 살펴보면 서로 다른 모양의 타일을 두 개 이상 붙여서 쓰거나 타일과 타일 사이를 시멘트와 같은 또 다른 마감재로 메워 예술성을 높이기도 해요.

실제로 2개 이상의 정다각형으로 평면을 빈틈없이 메우는 방법은 모두 8가지예요. 이것을 발견한 사람은 17세기 천문학자 요하네스 케플러입니다.

케플러가 발견한 정다각형의 종류는 다음과 같아요.

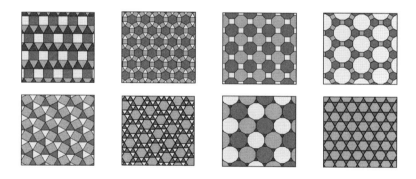

이 8가지에, 앞에서 살펴본 정삼각형, 정사각형, 정육각형으로 만들 수 있는 3가지 규칙적 타일링을 더하면 11가지 방법이 됩니다. 이 11가지 방법을 '아르키메데스 타일링'이라고 불러요. 이건 고대 그리스의 수학자 아르키메데스가 연구한 것은 아니지만, 훗날 수학자들이 아르키메데스가 활동하던 당시에 수학적 구조물을 만드는 데 관심이 많았던 것을 기려서 붙인 이름이라고 해요.

√ 예술가의 사랑을 듬뿍 받으며 수학 이론으로 자리매김하다

보도블록에서도 볼 수 있는 테셀레이션은 다양한 건축물에 활용되는 타일 무늬, 조각보, 포장지 디자인과 같은 예술 영역에서도 활용도가 높아요. 가장 대표적으로 네덜란드의 판화가 마우리츠 코르넬리스 에스허르(에서)(Maurits Cornelis Escher, 1898-1972)는 테셀레이션을 이용한 많은 작품을 남겼어요.

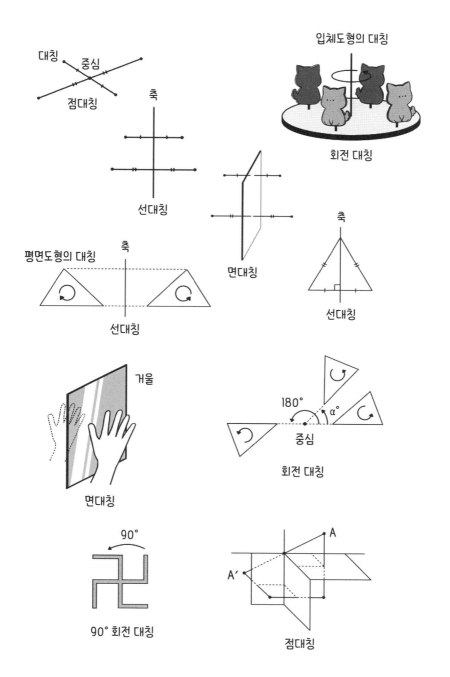

대칭 중심
점대칭

축
선대칭

입체도형의 대칭
회전 대칭

면대칭

축
선대칭

평면도형의 대칭
축
선대칭

거울
면대칭

180°
α°
중심
회전 대칭

90°
90° 회전 대칭

A
A′
점대칭

에스허르의 작품 중에서 '도마뱀'이라는 작품은 도마뱀 모양의 타일이 대칭 이동으로 모양이 꼭 들어맞아 보는 이로 하여금 감탄을 자아내지요.

여기서 대칭 이동이란 수학에서 자주 쓰이는 개념이에요. 먼저 살펴본 그림(105쪽)과 같이 점, 선, 면이 정해진 기준에 따라 선대칭, 면대칭, 회전대칭 등으로 모양이 변하지 않고 위치가 달라지도록 만들 수 있어요.

테셀레이션을 활용한 다양한 무늬 만들기는 누구나 할 수 있어요. 정사각형이나 정육각형을 활용하는 게 간단하다고 느껴질 때는, 나만의 특별한 타일을 만들고, 다양한 대칭 이동을 활용하면 에스허르의 도마뱀과 같이 특별한 작품이 나올 수 있어요.

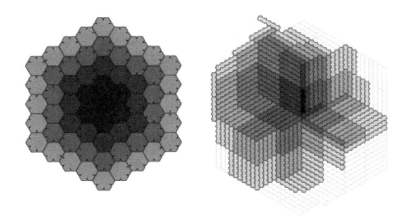

▌ 헤슈 타일 규칙에 따라 정육각형 변형으로 테셀레이션을 완성한 모습이에요. 정육각형의 각 변의 중점에 작은 무늬를 넣어 완성(왼쪽)할 수도 있지만, 오른쪽처럼 기본이 되는 타일 모양 자체를 바꿔 새로운 무늬를 연출할 수도 있어요.　　　　이미지 출처 : 위키피디아

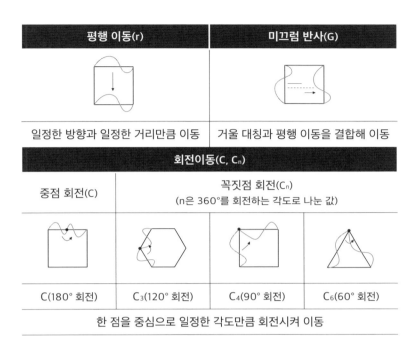

평행 이동(r)	미끄럼 반사(G)
일정한 방향과 일정한 거리만큼 이동	거울 대칭과 평행 이동을 결합해 이동

회전이동(C, C_n)			
중점 회전(C)	꼭짓점 회전(C_n) (n은 360°를 회전하는 각도로 나눈 값)		
C(180° 회전)	C_3(120° 회전)	C_4(90° 회전)	C_6(60° 회전)
한 점을 중심으로 일정한 각도만큼 회전시켜 이동			

■ 헤슈 타일을 만드는 변의 이동 방법

　실제로 독일 수학자 하인리히 헤슈(히쉬)(Heinrich Heesch, 1906-1995)는 에셔의 작품에 수학적인 견해를 더해, 비대칭 모양의 타일로 평면을 빈틈없이 메우는 28가지의 '헤슈 타일Heesch's problem'을 정리[14]했어요.

　헤슈 타일은 삼각형, 사각형, 오각형, 육각형의 각 변을 변형해서 짝이 되는 다른 변으로 이동하거나 회전시켜 완성합니다. 이 타일을 활용하면 에스허르의 작품처럼 비대칭 모양의 타일로도 테셀레이션을 쉽게 만들 수 있어요.

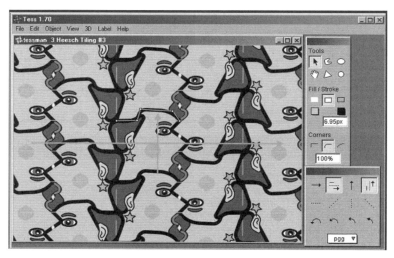

■ www.tessellations.org에 들어가면, 누구나 테셀레이션을 경험할 수 있는 컴퓨터 소프트웨어를 내려받을 수 있어요.　　　　　　　　　　사진 출처 : www.tessellations.org 화면 캡처

　　예를 들어 기준이 되는 사각형 또는 육각형을 하나 그리고, 도형의 각 변의 모양을 원하는 대로 변형해 다양한 방법으로 대칭 이동하면 헤슈 타일을 완성할 수 있어요. 헤슈 타일의 핵심은 여러 개가 한 평면에서 만나 빈틈이 없어야 한다는 점이지요.

　　이렇게 다양한 타일링은 단순히 보도블록을 만들거나 욕실 바닥을 완성할 때 활용하는 타일로만 쓰이지 않아요. 수학자들에게는 도형의 새로운 규칙을 발견하는 소재가 되기도 하고, 물리학자들에게는 어떤 새로운 물질을 발견하는 데 도움을 주기도 합니다.

　　여러분도 산책길에서 새로운 보도블록 규칙을 발견해 보세요. 재미있는 연구의 출발점이 될 겁니다. 실제로 누구나 새로운 타일을 만드는 데 도움을 받을 수 있는 사이트가 마련돼 있으니 심심할 때 한 번 들어가 살펴보세요!

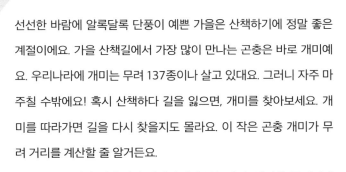

선선한 바람에 알록달록 단풍이 예쁜 가을은 산책하기에 정말 좋은 계절이에요. 가을 산책길에서 가장 많이 만나는 곤충은 바로 개미예요. 우리나라에 개미는 무려 137종이나 살고 있대요. 그러니 자주 마주칠 수밖에요! 혹시 산책하다 길을 잃으면, 개미를 찾아보세요. 개미를 따라가면 길을 다시 찾을지도 몰라요. 이 작은 곤충 개미가 무려 거리를 계산할 줄 알거든요.

가을은 태풍이나 가을비가 방해하지만 않는다면, 캠핑을 즐기기에 안성맞춤인 계절이죠. 캠핑을 떠난다면 캄캄한 밤에 하는 캠핑의 묘미 '불멍'도 놓치지 마세요!

Part 03
가을

알록달록 무르익은 가을,

산책하며 만나는

운치 있는 수학 이야기

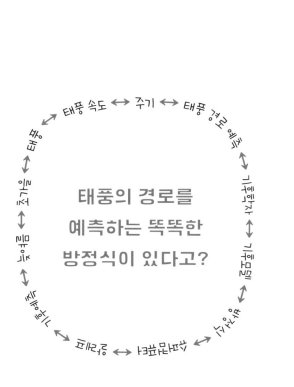

태풍의 경로를
예측하는 똑똑한
방정식이 있다고?

더위가 한풀 꺾이고 나면, 바로 선선한 바람이 불어와 산책하기 훨씬 좋은 날씨가 돼요. 하지만 꽃샘추위처럼 요맘때쯤이면 무시무시한 방해꾼이 등장합니다. 바로 '태풍'인데요. 태풍의 계절이 따로 있는 건 아니지만 우리나라에서는 늦여름~초가을(8~10월) 사이에 태풍이 가장 많이 관측돼요.

태풍의 바람은 얼마나 빠를까요? 태풍의 바람 속도가 빠를수록 그 힘도 커져요. 우리나라에 영향을 준 기록들을 살펴보니, 태풍 매미(2003년 9월)가 가장 악명 높은 태풍으로 기록돼 있어요. 한동안 순간 최대 풍속 1위(제주, 고산 60.0m/s)를 차지했고, 피해도 어마어마

17m/s	25m/s	33m/s	44m/s	54m/s
(61km/h, 34kt)	(90km/h, 48kt)	(119km/h, 64kt)	(158km/h, 85kt)	(194km/h, 105kt)
-	중	강	매우강	초강력
(간판 날아감)	(지붕 날아감)	(기차 탈선)	(사람, 커다란 돌 날아감)	(건물 붕괴)

■ 태풍 속도에 따라 어떤 위력이 발생하는지 가늠해 볼 수 있는 예시를 나타낸 표예요.
출처 : 기상청 홈페이지 https://www.weather.go.kr/w/typhoon/basic/info3.do

했거든요. 부산항의 크레인들이 싹 다 주저앉고, 건물이 무너지면서 아파트 1층이 납작하게 사라져 버린 곳도 많았지요.

태풍 링링(2019년 9월)이 흑산도에서 순간 최대 풍속 54.4m/s를 기록했어요. 태풍 바비(2020년 8월)도 비공식적으로 집계된 순간 최대 풍속이 66.1m/s까지 찍어 매미의 대기록을 갈아 치울 만큼 위력이 엄청났습니다. 여기서 기록을 꼼꼼하게 살펴보니 1초에 60m 속도로 바람이 분다는 뜻인데요. 이를 시속으로 바꾸면 시간당 216km를 움직이는 빠르기예요. 다시 말하면, 강한 태풍 바람은 고속도로에서 최고 속도(시속 110km/h)로 달리는 자동차보다 2배 정도 빠르다는 이야기예요. 정말 엄청난 위력입니다.

방정식으로 예측하는 미래 기후

한반도 태풍 예보를 잘 살펴보면, 한 가지 특징을 발견할 수 있어요. 2023년 제6호 태풍 '카눈'은 한반도 내륙을 남북으로 관통하며 통과해 전 국민을 불안에 떨게 했지요. 하지만 보통 한반도에 영향을 주는 태풍은 제주에서 올라와 북한을 통과해 오른쪽 위로 빠져나가거나 아니면 일본으로 통과하는 경우가 가장 많아요. 왜 태풍은 주로 오른쪽으로 이동하는 걸까요?

그 이유는 우리나라가 편서풍의 영향을 받기 때문이에요. 편서풍은 북위 30°에서 60°까지 서쪽 아래에서 동쪽 위로 부는 바람이에요. 우리나라에 영향을 주는 태풍은 대부분 이 편서풍을 타고 이동하므로 경로가 오른쪽 위를 향하는 경우가 가장 많은 거랍니다.

만약 우리나라에 영향을 주는 태풍이 오는 시기와 경로를 정확하게 예측한다면, 태풍 피해를 많이 줄일 수 있을 거예요. 그렇다면 실제로 태풍과 같은 자연재해는 얼마나 미리, 정확하게 예측할 수 있을까요?

태풍과 관련된 예보는 앞에서 황사를 예측하는 방법 중 하나로 소개한 '기후 모델57쪽 참고' 프로그램을 활용해요. 기후 모델을 활용해 태풍이 발생하는 시기와 경로 같은 정보를 예측하지요.

이 기후 모델을 컴퓨터 프로그램으로 코딩하면 100만 줄이 넘는 아주 거대한 코드로 구성돼 있어요. 하루아침에 뚝딱 완성한 코드는 아니고, 오랜 기간에 걸쳐 여러 세대의 기후학자, 수학자, 물리학자가 힘을 모아 완성한 작품입니다.

우리나라에도 기상청 말고도 미래 기후를 예측하는 연구단과 슈퍼컴퓨터가 있어요. 기초과학연구원IBS의 기후물리 연구단 슈퍼컴퓨터 '알레프Aleph'가 그 주인공이에요.

■ IBS의 슈퍼컴퓨터 알레프의 모습이에요. 알레프는 지구 시스템을 연구하는 프로그램을 구현하는 데 활용하고 있어요.　　　　　　　　　　　　　　　　사진 출처 : IBS 제공

　　알레프는 1초에 1430조 번 연산이 가능해요. 이는 데스크톱 컴퓨터 1560대를 합친 성능과 비슷하지요. 데이터 저장 용량은 9820TB테라바이트, 1TB=1024GB로, 4GB기가바이트, 요즘 스마트폰 저장 용량이 128GB, 258GB, 512GB 등으로 구성짜리 영화를 약 251만 편 정도를 저장할 수 있는 용량이에요.

　　IBS 기후물리 연구단은 악셀 팀머만(Axel Timmermann) 단장(부산대 석학교수)이 이끌고 있어요. 팀머만 단장이 이끄는 연구팀은

24 24.6 25.2 25.8 26.4 27 27.6 28.2 28.8 29.4 30 30.6 31.2 31.8
Sea surface temperature [°C]

■ 슈퍼컴퓨터 알레프로 기후 모델을 돌려 모의 실험(시뮬레이션)한 한반도로 접근하는 태풍의 모습을 나타낸 이미지예요. 화면 가운데 하얀 부분은 강수량을 나타내고, 오른쪽 아래 숫자와 진하기가 다르게 표현된 막대는 해수면의 온도를 나타냅니다. 태풍이 지나가고 난 뒤 강한 바람이 불면 바다 깊은 곳에 있던 차가운 물이 해수면까지 올라와 주면보다 5℃ 이상 낮은 냉각 현상이 나타난다고 합니다.   사진 출처 : IBS 제공

2020년 12월, 알레프를 이용해 해양과 대기의 흐름을 예측해서 이산화탄소 농도가 지금보다 두 배로 늘어나면 전체 태풍의 발생 빈도는 줄어드는 대신, 초속 50m 이상의 아주 강력한 태풍이 50% 증가할 것이라는 예측 결과를 발표[15]했어요.

 연구팀은 알레프로 모의 실험시뮬레이션을 해서 대기 중의 이산화탄소 농도가 늘어나면 지구의 기후가 어떻게 달라지는지에 대한 결과를 얻었습니다. 이것은 우리가 아주 잘 알고 있는 지구 온난화와 관

련된 내용인데요. 사실 지구는 스스로 지구 전체 온도를 조절하는 자정 능력이 있어요. 그런데 지구 온난화가 심해지면서 과거에 비해 그 능력이 많이 약해졌어요.

여러 가지 이유로 이산화탄소 배출량이 늘어나면서 대기 중의 이산화탄소 농도가 늘어나 대기가 뜨거워졌어요. 뜨거워진 대기는 자연스럽게 지구를 빠져나가 온도가 조절돼야 하는데, 온실가스 층이 이 대기를 지구에 가둬 버렸어요.

더워진 지구는 극지방의 얼음을 녹이고, 얼음이 녹으면서 차가운

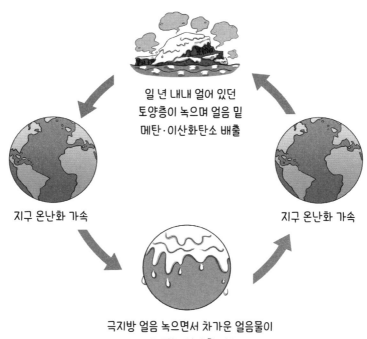

일 년 내내 얼어 있던
토양층이 녹으며 얼음 밑
메탄·이산화탄소 배출

지구 온난화 가속

지구 온난화 가속

극지방 얼음 녹으면서 차가운 얼음물이
지구 전체 열 순환 방해

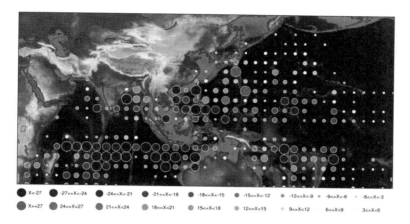

■ 현재 기후에서 인도-태평양 지역 태풍 발생 밀도 변화 : 대기 중 이산화탄소 농도가 2배 늘었을 때 태풍의 밀도가 어떻게 변하는지를 나타내요. 이산화탄소 농도 변화의 폭이 클수록 원의 크기가 크게 나타났어요. 이산화탄소 농도가 2배로 늘자, 태풍 발생의 빈도는 현저하게 줄어드는 모습이었지만, 발생하는 태풍의 세기는 더 크게 나타난다는 걸 확인할 수 있었지요.

사진 출처 : IBS 제공

얼음물이 바다로 흘러들었죠. 그러면서 지구의 온도 조절 장치에 문제가 생긴 거예요. 바다는 바다의 속도대로, 육지는 육지의 속도대로, 대기는 대기의 속도대로 온도가 조절돼야 하는데, 저마다 걸림돌이 생겨 버린 셈이죠. 그래서 지구 온난화 현상이 지구 전체 기후와 기상 현상에도 영향을 미치고 있는 거예요.

그러면 태풍도 지구 온난화에 영향을 받을까요? 연구 결과[15]에 따르면, 지구 온난화가 고기압을 강하게 만들어 상대적으로 태풍을 일으키는 열대 저기압의 발생은 줄어들게 해 태풍 또한 발생 빈도가 줄어들었다고 합니다. 반면 대기 중 수증기와 에너지는 계속 늘어나므로 태풍이 한 번 발생하면 그 위력은 더 강력해진 모습으로 나타난다고 분석했지요.

연구팀이 이번 연구에 활용한 기후 모델은, 지구의 해양은 가로세로 10km짜리 네모로, 육지는 가로세로 25km짜리 네모로 지구를 나눠 데이터를 측정했어요. 각 지점에서의 바람, 온도, 습도, 해류, 식생 등 수많은 변수가 포함된 거대한 데이터를 모아 2000TB가 넘는 기후 연구 자료를 만든 거예요.

기후 모델이 정밀하게 설계될수록 높은 해상도로 선명한 자료를 얻을 수 있어서 기후 변화 연구에 큰 도움이 돼요. 지난 20년 동안 연구에 활용한 기후 모델은 네모의 크기가 가로세로 100km 이상이어서 해상도가 낮아 연구 결과의 불확실한 정도가 높았거든요. 이것은 마치 휴대전화 카메라의 화소 수처럼 격자 간격이 촘촘할수록(해상도가 높을수록) 선명한 사진을 찍을 수 있는 것과 같은 원리예요. 높은 해상도의 기후 모델을 활용하면 더 많은 지역의 미래 기후를 상세히 예측할 수 있는 거죠.

그런데 이 네모의 간격을 세밀하게 조정할 수 있도록 돕는 가장 중요한 도구가 바로 '방정식'이에요. 방정식은 식을 이루고 있는 x와 같은 어떤 미지수 값에 따라서 참이 되거나 거짓이 되는 등식입니다. 등식이란 우리가 잘 알고 있는 등호(=)가 들어 있는 식을 말하죠. 1+1=2라는 식은 등호(=)가 들어 있는 등식이지만, 미지수(보통 x나 y 같은)가 없으니 1+1=2는 방정식이 아니에요. 등식에는 숫자 말고도 앞에서 설명한 대로 문자로 된 미지수가 들어갈 수 있는데, 예를 들어 x+1=2와 같이 쓸 수 있지요. 그럼 이 식은 방정식이라고 불러

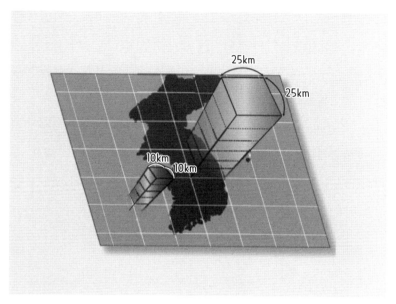

■ 지구의 기후 변화를 예측하는 기후 모델을 설계할 때, 얼마나 정확한 결과를 예측하느냐는 얼마나 방정식을 잘 활용하느냐에 달렸다고 해도 과언이 아니에요.

사진 출처 : IBS Research 17호에서 발췌

요. x에 1을 넣으면 참, x에 2를 넣으면 거짓이 되는 등식이 되지요.

우리는 이 방정식을 수학 시간에 배워요. 그런데 이 방정식은 단순하게 참과 거짓만 판단하는 기준으로 사용되는 게 아니라, 우리의 삶 속에서도 큰 역할을 해요. 태풍을 관찰할 때는, 방정식에 태풍에 영향을 주는 많은 요소와 지난 세월의 기록들을 면밀하게 분석한 자료를 넣어 도움을 얻는 거예요.

학교에서는 ax+b=0과 같은 간단한 형태의 방정식을 배우지만, 기후 모델 속 방정식은 사람의 손으로는 해를 구할 수 없고 컴퓨터의 도움을 받아야만 해를 구할 수 있는 복잡한 형태입니다. 수학에서 활용하는 방정식뿐만 아니라 여기에 물리학 방정식도 더해서 둥근 지구를 촘촘하게 격자로 잘 나누고, 각 네모 안에서 기후 변동을 예측할 수 있도록 돕는다는 말이죠.

연구팀은 앞으로 구름의 변화와 같은 아주 작은 규모의 기상 변화도 추적할 수 있는 세밀한 모델까지 완성하는 게 목표라고 해요. 슈퍼컴퓨터가 열심히 모은 과거의 데이터를 활용해 미래의 태풍도 곧 정확하게 예측할 수 있는 날이 오기를 기대해 봅니다.

캠핑 가방을
가장 잘 싸는 방법은
수학이 알려 줄게

가을에는 집 앞 산책도 좋지만, 큰맘 먹고 더 멀리 자연을 찾아 떠나기에 딱 알맞은 계절이죠. 선선한 바람과 아름다운 색들로 물드는 자연 속에서 하루를 보내는 '캠핑'은 가을에 하기에 정말 좋은 야외 활동이에요. 몸도 마음도 설레는 캠핑, 짐 싸는 것부터 텐트를 치는 것까지 모두 수학이 필요하다는 사실을 알고 있나요?

캠핑을 떠나려면 가장 먼저 짐을 싸죠. 기본적으로 텐트나 침낭, 간단한 조리 도구와 조명, 구급상자 등을 챙겨야 해요. 여기에 테이블, 의자, 보조용 가구들을 추가로 챙기면 훨씬 더 만족스러운 캠핑을 즐길 수 있습니다. 하지만 챙겨야 할 품목이 많아질수록 짐을 싸

■ 캠핑을 떠날 때는 짐을 효율적으로 쌓는 게 꽤 중요해요.　　사진 출처 : 픽사베이

고, 차에 싣고, 이를 다시 꺼내서 옮기는 과정이 점점 힘들어져요. 이때는 이 물건이 꼭 필요한지를 신중하게 생각해 보고, 무게와 부피를 고려해 짐의 우선순위를 결정하는 게 좋아요. 여기에 평소 갈고 닦은 수학 통찰력을 발휘해 본다면 금상첨화錦上添花겠지요!

　이렇게 신중하게 품목을 결정했다면 짐을 트렁크 가방이나 박스에 넣어 짐 싸기를 마무리해야 해요. 짐 싸기의 가장 큰 목적은 '꼭 필요한 물건을 제한적인 공간에 가장 효율적으로 차곡차곡 쌓는 것'이지요. 이때 수학 문제를 적용하면 훨씬 쉽게 해결할 수 있습니다.

√ **가방을 잘 싸려면, 수학이 필요해!**

제한된 공간에 물건을 효율적으로 쌓는 일에 과연 수학이 어떤 도움을 줄 수 있을까요? 놀랍게도 꽤 오래전부터 이런 문제를 수학으로 해결하려 했던 사람이 있었습니다.

1590년대 말, 영국의 항해가 월터 롤리 경(Sir Walter Raleigh, 1554?-1618)은 자신의 조수 토머스 해리엇(Thomas Harriot)에게 배 한쪽에 쌓여 있는 포탄(대포알) 무더기의 모양만 보고 그 개수를 한 번에 알아낼 수 있는 공식을 찾아오라는 숙제를 내줬어요. 영국 출신의 수학자였던 해리엇은 포탄이 쌓이는 개수에 따라 다음 그림과 같이 쌓는 모양이 달라지는 것을 관찰했어요. 그리고 모양에 따라 달라지는 포탄 수를 표로 정리해 월터 경에게 주었어요.

월터 경은 더 나아가 해리엇에게 배에 포탄을 최대한 효율적으로 많이 싣는 방법을 물었어요. 그런데 해리엇은 이번에는 쉽게 해결책을 찾지 못했어요. 이 문제를 고심하던 해리엇은 당시 독일의 최고 수학자이자 천문학자인 요하네스 케플러에게 도움을 요청하는 편지를 썼지요.

두 사람은 구 모양의 물체를 쌓을 때 생기는 빈틈이 가장 적게 나오는 방법을 함께 생각해 봤어요. 같은 크기의 상자에 다음(126쪽) 그림과 같이 포탄을 차곡차곡 쌓았어요. 그런데 재미있게도 쌓는 방법에 따라 넣을 수 있는 포탄의 개수가 달라졌습니다. 공과 공 사이에 새로운 공을 쌓아 올리는 방법(오른쪽)으로 쌓으니, 차례로 쌓는

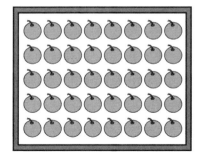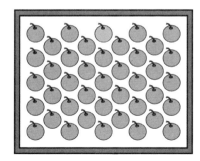

방법(왼쪽)보다 하나 더(빨간 공) 넣을 수 있었어요.

17세기를 대표하는 수학자이자 천문학자인 케플러는 역사상 첫 번째 천체 물리학자[16]로 불려요. 케플러는 당시 관측의 대가인 덴마크의 천문학자 튀코 브라헤(Tycho Brahe, 1546-1601)의 자료를 바탕으로 니콜라우스 코페르니쿠스(Nicolaus Copernicus, 1473-1543)의 지동설을 지지했어요. 당시에는 천체의 중심이 지구이고, 태양을 포함한 다른 천체들이 지구 주변을 돌 것이라는 '천동설'과, 천체의 중심은 태양이고, 지구를 포함한 다른 천체들이 태양 주위를 공전한다는 '지동설', 이렇게 두 가지 가설이 공존하던 시기였거든요.

케플러는 행성의 움직임을 완벽하게 분석해서 지동설을 입증하고 명성을 얻고 있었어요. 그의 주요 업적으로는 행성의 운동을 표현하는 세 가지 물리학 법칙인 '케플러의 법칙'이 가장 잘 알려져 있어요.

케플러 제1법칙은 '모든 행성은 태양을 초점으로 하는 타원 궤도를 그리며 돈다'입니다. 오른쪽(127쪽) 그림에서 보는 것처럼 타원의 궤도 위를 벗어나지 않는다는 말이지요.

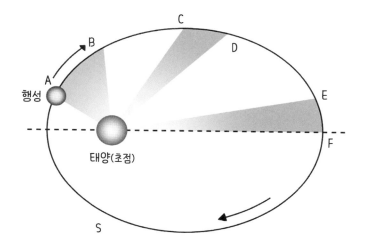

제2법칙은 '태양과 행성을 연결하는 직선이 같은 시간 동안 그리는 면적은 항상 일정하다'입니다. 다시 말해 위 그림에서 표시한 것처럼 A에서 B, C에서 D, E에서 F로 이동하는 시간과, 붉은색으로 표시한 부분의 각 면적이 항상 같다는 말이지요.

제3법칙은 '행성의 공전 주기의 제곱은 태양과 행성의 평균 거리의 세제곱에 비례한다'입니다.

케플러가 발표하던 시절에는 이 세 가지 법칙은 가설에 불과했지만, 훗날 아이작 뉴턴이 이것을 증명하면서 세상에 알려졌어요. 뉴턴은 자신이 발견한 운동 법칙과 케플러 법칙을 이용해 모두가 잘 알고 있는 만유인력의 법칙을 증명했거든요.

여기서 만유인력의 법칙을 듣고 '사과나무 일화'가 떠오른다면, 정답입니다! 뉴턴이 정원에 있는 사과나무에서 사과가 떨어지는 것을 보고 중력을 떠올렸다는 이야기가 있잖아요. 중력(gravity)과 만유인력(universal gravitation)은 사실상 같은 말이랍니다. 중력은 '지구가 물체를 당기는 힘'을 말하고, 만유인력은 '두 물체 사이의 거리의 제곱에 반비례하고, 질량의 곱에 비례하는, 물체 사이에 당기는 힘'을 말하거든요.

다시 말해, 뉴턴 덕분에 케플러의 주장은 사실임이 밝혀졌고, 케플러가 설명했던 행성 운동 법칙은 태양과 행성 사이의 관계만 설명하는 게 아니라, 태양계를 구성하는 전체 천체의 움직임을 설명할 수 있는 기초가 됐다는 이야기입니다.

이렇게 과학과 수학 영역을 넘나들며 활약하던 케플러는 영국의 수학자 토마스 해리엇에게 받은 편지 한 통으로 '케플러의 추측' 문제를 떠올리게 됐어요. 이 역시도 당시에는 수학적으로 증명해내지 못하고 387년 뒤인 1998년에 토마스 헤일스(Thomas Callister Hales)라는 미국 수학자가 컴퓨터의 도움을 받아 이를 증명했습니다.

포탄 문제를 살펴보며 케플러의 추측을 차근차근 알아보도록 해요. 케플러는 물질을 구성하는 작은 입자의 배열 상태를 연구하면서, 입자들을 어떻게 배열해야 부피를 최소로 할 수 있는지 떠올려 봤어요. 이때 모든 입자가 공과 같은 구 모양이라면 어떤 방법으로 쌓아도 공과 공 사이에 생기는 빈틈은 피할 수 없어요. 그래서 이 빈틈을 최소로 줄이는 방법을 떠올렸어요.

그러다 1611년, 케플러는 '상자 안에 구 모양의 물체를 가장 효율적으로 쌓는 방법은 과일 가게에서 둥근 과일을 쌓는 법과 같을 것이

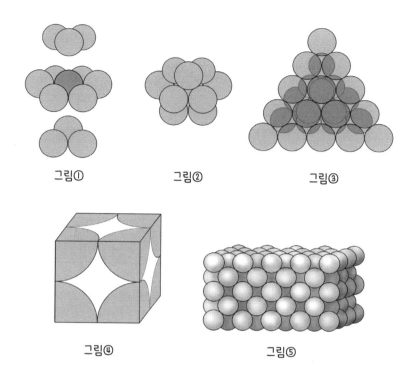

그림①   그림②   그림③

그림④   그림⑤

다'라고 생각했어요.

과일 1개그림①에서 빨간색를 기준으로, 둥근 과일 일부가 서로 맞닿도록 다른 과일 12개그림①에서 회색가 둘러싸는 모양으로 쌓는그림①→그림②→그림③ 거예요. 이와 같은 방법은 평범한 사람도 일상에서 물건을 쌓을 때 흔히 사용하는 방법이지만, 수학적으로 이 방법이 작은 입자를 가장 효율적으로 배열하는 방법이란 걸 증명하기는 참 어려운 일이었어요.

이 문제가 바로 '페르마의 마지막 정리'와 더불어, 수백 년 동안 풀

■ 과일 가게에서 파는 둥근 과일은 흔히 사진과 같이 과일과 과일 사이에 또 다른 과일을 올려 차곡차곡 쌓는 방식으로 진열을 하지요.

사진 출처 : 픽사베이

리지 않는 수학계의 난제 중 하나였던 '케플러의 추측'이에요. 다시 말해 케플러의 추측이란, '공간을 구로 채우는 방법 중 가장 효율적 인 방법은 '면 중심 입방 구조'정육면체의 각 모서리와 각 면의 중심에 크기가 같 은 구가 놓인 구조, 그림④와 그림⑤일 때이다'라는 주장이지요.

우선 공을 그림⑥과 같이 나란히 배열한 다음, 같은 형태로 차곡차 곡 쌓는 방법이 있어요. 이 방법을 수학 용어로는 '단순 입방 구조'라 고 불러요.

이번에는 공을 그림⑦과 같이 공과 공 사이 공간이 거의 없도록 밀 착시켜서 쌓는 방법도 있죠. 이렇게 쌓는 방법을 바로 '면 중심 입방

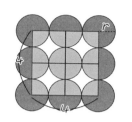

r = 1cm

$$\frac{12.56(원의\ 넓이)}{16(정사각형의\ 넓이)}$$

= 0.785, 약 78.5%

그림⑥

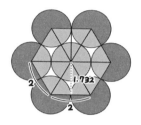

(원주율은 약 3.14)

$$\frac{(원의\ 넓이)}{(정육각형의\ 넓이)} = \frac{9.42}{10.392}$$

= 0.906, 약 90.6%

그림⑦

구조'라고 불러요.

케플러 이후에도 뉴턴, 라그랑주, 가우스, 힐베르트 등 내로라하는 수학자들이 이 문제에 매달렸어요. 그림⑦과 같은 방법으로 쌓아 공간을 메우는 게, 그림⑥과 같은 방법으로 쌓는 것보다 훨씬 효율적이라는 것을 우리 모두 직관적으로 확인할 수 있어요.

이 효율성을 수학으로 증명하기 위해 원의 넓이와 정사각형, 정육각형 넓이를 직접 계산해 볼게요. 비록 평면을 기준으로 하지만, 전체 넓이 대비 빈 곳의 넓이를 계산해서 어느 쪽이 더 공간이 효율적인지를 계산할 수 있어요. 그림⑥과 같은 방법은 공간 효율이 78.5%, 그림⑦과 같은 방법은 공간 효율이 약 90.6%라는 결과를 얻을 수 있지요. 실제로도 그림⑦과 같은 방법을 써야 공간 효율이 훨씬 높다는 걸 확인할 수 있었던 거죠.

하지만 이 방법은 평면을 기준으로 계산한 결과였기에, 공간 효율에 대한 완벽한 증거로 인정받진 못했어요. 그러다 앞에서 말한 대로 약 400년 뒤인 토마스 헤일스 미국 피츠버그대학교당시에는 미시건대학교 수학과 교수와 그의 제자 사무엘 퍼거슨(Samuel Ferguson)이 마침내 '증명'을 해냈어요. 그들에게도 쉬운 작업은 아니었어요.

실제로 이 문제는 변수가 150개나 있는 방정식을 풀어야만 했습니다. 헤일스가 이끄는 연구팀은 구 모양의 물체를 쌓는 방법을 수천 가지를 놓고, 소프트웨어를 활용해 수학적으로 표현할 수 있는 방법을 찾아냈어요. 하지만 그의 증명은 300쪽이나 돼서 증명 과정에 오류가 없는지를 확인하기도 쉽지 않았어요. 결국 수학자 12명이 4년 동안이나 매달린 끝에야 그의 증명에 오류가 없음을 확인할 수 있었답니다. 케플러의 추측 문제를 수학적으로 증명하는 데, 컴퓨터를 보조 도구로 사용했음에도 불구하고 꼬박 10년이나 걸렸던 거죠.

이 결과는 2005년 미국 프린스턴대학교와 고등과학원에서 발행하는 『수학연보(Annals of Mathematics)』에 그의 증명이 99% 확실하다는 내용과 함께 소개됐어요. 헤일스는 99%의 정확도에 만족하지 않고, 10년 가까이 연구에 매진했어요. 그러다 마침내 2014년 8월 10일, '헤일스의 증명이 100% 정확하다'는 결론을 얻었습니다. 1%의 오류까지도 명명백백하게 바로잡아 증명의 정확도를 높이려는 그의 노력이 결실을 맺은 것이지요.

이렇게 수학자들은 종종 단 한 문제를 풀기 위해 평생을 바치기도 해요. 그토록 집착하며 매달리는 이유는 저마다 다르겠지만, 이런 수학자들의 집념이 없었더라면 수학사는 물론 우리의 일상생활도 지금보다 훨씬 불편할 수 있어요. 이미 수학적으로 완벽에 가깝다고 증명된 문제를 보면서도 거기에 그치지 않고 '완벽한 증명'으로 만들어 낸 의미 있는 결과를 도출하는 수학자, 과학자들의 연구 태도가 정말 놀랍지 않나요?

케플러의 추측은 증명됐지만, 수학자들의 연구는 멈추지 않았어요. 미국의 물리학자 폴 체이킨(Paul chaikin) 뉴욕주립대학교 물리학과 교수는 평소 구슬 모양의 초콜릿M&M's을 좋아했어요. 그의 연구실에는 이 구슬 모양 초콜릿(이하 초코볼)이 늘 가득했지요.

그러던 2004년의 어느 날, 어떤 학생이 200L짜리 커다란 통에 이 초콜릿을 가득 채워 체이킨의 연구실 앞에 두었어요. 체이킨은 눈앞에 가득한 초코볼을 보고 공간을 빈틈없이 효율적으로 채우는 구조에 대한 새로운 아이디어를 떠올렸어요.

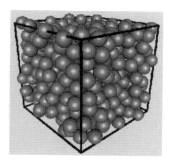

■ 폴 체이킨 교수가 자신의 논문에 소개한 공간을 빈틈없이 효율적으로 채우는 구조에 대한 설명 그림
사진 출처 : Science News

그 결과, 완전한 구에 가까운 초코볼을 포장 용기에 담아 무질서하게 포장할 때는 공간 효율성이 64%였는데, 럭비공처럼 위아래가 약간 눌린 타원체는 효율성이 그

보다 높아져 73.5%에 달한다는 사실을 정리해 세계적으로 유명한 학술지『사이언스[17]』에 발표했습니다.

물론 현실에서 우리가 캠핑 준비를 하며 일일이 트렁크 잔여 공간의 효율을 계산할 수는 없고, 옷을 공처럼 돌돌 말아 넣는 것도 쉽지 않아요. 하지만 짐과 짐 사이에 빈틈을 최소로 줄이고, 짐의 크기와 부피를 고려해야만 공간 활용을 잘할 수 있다는 것은 알고 있어요. 이렇게 누구나 다 아는 현상이 '수학적으로도 완벽한 이론'이라는 걸 증명하기까지 오랜 시간 동안 여러 사람들의 노력이 들어갔다는 걸 생각해 보는 기회가 되면 좋겠네요!

√ 불멍할 때는 장작은 원뿔로 만들어야 해요!

캠핑의 또 다른 묘미는 바로 '불멍'이 아닐까요? 그러려면 장작은 잘 타도록 쌓아야 하는데, 이때 장작을 쌓는 모양에 따라 어떻게 달라지는지 잘 알아야 해요.

장작에 불이 붙으려면 '불의 3요소'를 먼저 알아야 해요. 불의 3요소는 연료, 열, 산소예요. 불이 붙으려면 가장 먼저 불에 탈 수 있는 물건(연료)이 있어야 하고, 적당한 온도와 적당한 양의 열이 필요하죠. 여기에 산소가 있어야 불이 붙어요. 만약 산소가 부족하면 불꽃은 유지되지 못하고 불이 꺼지게 됩니다.

캠핑의 불멍에서는 장작이 연료 역할을 하고, 장작을 태울 '불씨'

공기

■ 장작을 피우는 방법으로는 차곡차곡 쌓는 피라미드형 장작과
세로로 세워 기대는 원뿔형 장작이 있어요.

가 필요하지요. 작은 불씨만 있어도 장작이 활활 탈 것 같지만, 나무에 불을 붙이고 오랜 시간 그 불을 유지하는 건 생각보다 쉬운 일이 아니에요. 그래서 첫 불씨를 살릴 때 도움을 주는 캠핑 보조 도구인 토치나 스타터를 이용하면 조금 편해요.

불씨를 잘 살렸다면 이제 산소를 충분히 제공해야 우리가 상상하는 불멍을 볼 수 있어요. 바로 이때 장작을 어떤 모양으로 쌓았는지가 관건이에요! 왜냐하면 장작이 서로 타오를 수 있게 가까이 있으면서도, 산소가 잘 통할 수 있게끔 적당히 떨어뜨려 놓아야 하기 때문이지요.

그러기 위해서 장작은 위 그림처럼 차곡차곡 피라미드 형태로 쌓아 올리거나, 세로로 세워 원뿔 형태로 만들 수 있어요. 장작이 겹겹이 쌓여 있는 피라미드 형태가 훨씬 잘 탈 것 같지만, 불을 붙여 보면 그렇지 않아요. 연료가 충분해도 장작 사이사이에 빈틈이 없어 산소가 충분히 제공되지 않아 이내 불씨가 꺼져 버릴 거예요. 따라서 피라미드 형태는 불이 전체로 확대되기 어려운 구조랍니다.

한편, 장작을 원뿔 형태로 듬성듬성 모으고, 그 가운데에 탈 재료가 되는 지푸라기나 신문지 같은 걸 구겨 넣어 준다면 훨씬 더 쉽게 타오를 수 있답니다. 원뿔형 장작에는 가장 아래쪽 공간이 있는데, 지푸라기를 여기에 둔다면 일단 불이 붙을 때 원뿔형 꼭대기 쪽으로 불이 옮겨 붙을 확률이 높아지거든요. 또한 원뿔형 구조는 사이사이 빈 곳이 있어 주변의 산소가 잘 전달되지요. 이렇게 '캠핑을 잘하는 방법' 곳곳에 수학이 필요하다는 사실이 무척 흥미롭지 않나요?

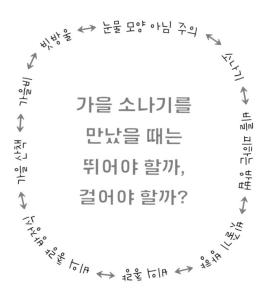

가을 소나기를 만났을 때는 뛰어야 할까, 걸어야 할까?

빗방울 ↔ 눈물 모양 아님 주의 ↔ 소나기 ↔ 뛰면 덜 젖을까 ↔ 비를 피하기 ↔ 비가 오는 방향 ↔ 비에 덜 젖는 방향 ↔ 우산의 각도 ↔ 젖는 양 계산 ↔ 가을 소나기

　방울에는 여러 종류가 있어요. 산책길에 만날 수 있는 방울로는 물방울, 빗방울, 공기방울, 비눗방울이 있지요. 혹시 이 방울들의 차이점을 알고 있나요?

　물방울은 물로 가득 찬 방울이에요. 비가 되어 하늘에서 떨어지는 물방울이 빗방울이고요. 그런가 하면 방울 여러 개가 모인 상태를 거품, 거품을 이루는 속이 빈 방울은 공기방울이라고 불러요. 마지막으로 물 대신 비눗물이 공기를 감싸고 있는 방울이 비눗방울이고요. 그런데 흥미로운 건 아주 오래전부터 수학자와 과학자들은 이러한 다양한 형태의 방울의 특징을 연구하는 데 관심이 아주 많았다는 사실

입니다. 오늘은 빗방울에 대한 이야기를 들려줄게요.

√ 빗방울은 눈물 모양? 구 모양이다!

대기 중 수증기가 지름이 0.2mm 이상 물방울이 되면 땅으로 떨어져 비가 됩니다. 빗방울 크기는 지름이 0.2mm부터 5mm까지 다양해요. 이슬비 빗방울이 가장 작고(지름 약 0.2mm), 거센 폭풍우가 내릴 땐 큰 빗방울(지름 약 5mm)이 만들어져 내리기도 하죠.

그렇다면 빗방울은 액체일까요, 기체일까요? 빗방울이라는 물질 자체에 대해 조금만 더 알아봅시다. 사실 빗방울은 액체도 아니고 기체도 아니에요. 액체처럼 흐르지도 않고 기체처럼 흩어지지도 않으니까요. 그렇지만 구조적인 특징은 액체에 가까운 편이에요.

그런데 액체는 분자끼리 서로 끌어당기는 힘이 작용해요. 이때 액체 내부와 액체 표면의 분자는 조금 특성이 달라요. 다음 그림에서처럼 액체 내부의 분자는 모든 방향에서 다른 분자를 잡아당겨 평형을 유지해요. 하지만 액체 표면의 분자는 달라요. 액체 표면의 분자들은 위쪽으로 작용하는 힘은 없고, 액체 내부로 잡아당기는 힘(아래 방향으로 작용하는 힘)만 존재해요. 이 힘을 '표면장력'이라고 불러요. 아무래도 액체 표면의 분자는 액체 내부의 분자와 비교했을 때, 아주 불안정한 상태인 셈이죠. 그래서 액체 표면이 넓어지면 그만큼 액체 상태는 더욱 불안정한 상태가 돼요. 물방울의 경우 금세 불안정한 상

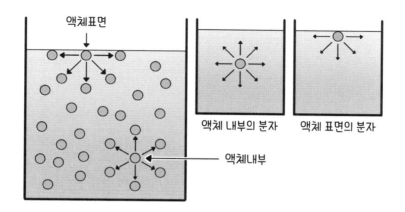

액체표면

액체 내부의 분자   액체 표면의 분자

액체내부

태로 있다가 터지는 원리죠.

그렇다면 빗방울 모양은 어떨까요? 일기예보에서 비 소식이 있는 날이면 아래 아이콘처럼 보통 아래는 둥글고 위쪽은 뾰족한 눈물 모양으로 표현하지요.

그런데 사실 액체는 될 수 있으면 자신의 표면적을 줄여서 가장 안정적인 상태를 유지하려고 해요. 이때 빗방울 모양이 눈물 모양으로 유지될 것 같지만, 사실은 그렇지 않아요. 3차원상에서 부피가 모두 같을 때, 표면적이 가장 작은 기하학 구조는 '구 모양'이에요. 그래서 빗방울도 안정적인 상태로 있으려고 표면적이 가장 작은 구 모양과 비슷한 물방울 형태를 유지해요.

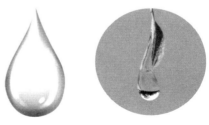

■ 여러 형태의 방울 중에서 속이 물로 꽉 찬 빗방울은 물방울의 한 종류예요.　　사진 출처 : 픽사베이

물방울 형태를 유지하다가 대기에 있는 먼지 입자나 수증기 입자가 더 달라붙어 무거워지면 아래로 떨어져요. 그 순간에 사진을 찍으면 눈물 모양처럼 보여서 물방울을 대표하는 모양으로 눈물 모양이 더 알려진 거랍니다.

√ 갑자기 소나기를 만나면 걷는 게 더 낫다?

때때로 '비'는 산책을 방해하지만 우리가 살아가는 데 있어 꼭 필요한 기상 현상이에요. 하지만 우산도 없이 갑작스럽게 만나는 비는 우리를 곤란하게 하지요. 게다가 한창 산책을 하다 갑자기 소나기를 만난다면 어떻게 해야 할지 난감해요. 이럴 때 우리는 어떤 선택을 할 수 있을까요?

후두둑 쏟아지는 소나기를 막아 줄 우산이 없으니 잠시 비를 피할 장소를 찾아야 할 거예요. 이럴 때 비를 피할 장소를 찾기 위해 뛰어가는 게 나을까요? 걸어가는 게 나을까요? 당연히 뛰어가는 게 빠르니까 뛰는 쪽이 비를 덜 맞지 않을까요? 애초에 이런 걸 고민하지 말고 그냥 얼른 비부터 피하고 보라고요? 그런데 놀랍게도 이 사소한 질문을 연구하고 논문[18]을 쓴 물리학자가 있습니다. 그것도 무려 1987년에 했다고 해요. 그는 이 논문에 수학적인 고찰을 한 뼘 더해서 소나기를 만났을 때는 '차라리 걷는 게 효율적'이라는 결론을 내려 당시에 화제가 됐어요.

이탈리아의 물리학자 알레산드로 드 안젤리스(Alessandro De Angelis)는 이 상황에 대해 직접 수학식을 세워 계산하고 논문으로 정리했어요. 먼저, 빗속에서 뛰어야 하는 사람을 커다란 직육면체라고 가정했어요. 그런 다음 하늘에서 내리는 비는 일정한 속도로 내린다고 생각했지요. 이 말은 아무리 소나기일지라도 계산하는 동안에는 멈추지 않는 상황이라고 설정했단 말이에요. 마지막으로 비는 하늘에서 지표면과 90°로, 기다란 직육면체 모양으로 내린다고 가정했어요. 아래 그림처럼요.

그런 다음 사람(여기서는 직육면체)이 어떤 속도로 움직이느냐에 따라서 머리(다음 그림에서 빨간색으로 표시한 윗면)에 얼마만큼 많은 양(부피로 계산)의 비가 떨어지는지를 계산한 거예요.

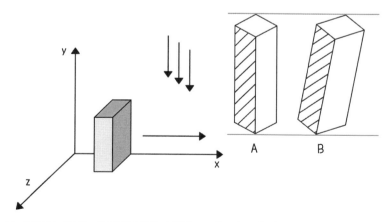

■ 안젤리스 박사는 이 질문의 답을 수학적으로 찾으려고 세 가지 가정을 하고 문제를 풀었습니다. 사람을 직육면체로 생각하고, 비는 멈추지 않고 땅을 기준으로 90°로 내린다고 생각했어요.

실제 논문에서 사용한 방정식보다는 조금 더 간단히 설명해 볼게요. 이 문제의 결과를 이해하려면, 초등학교 때 배운 평행사변형의 넓이를 구하는 공식과 그 특징을 알아야 해요.

먼저, 사람이 빗속을 걸어서 지나갈 때는 하늘에서 머리 위로 곧게 떨어지는 직육면체(A)라고 생각했어요. 이 직육면체의 부피를 구하는 공식은 (밑변의 넓이)×(높이)로 구할 수 있어요. 그렇다면 빗속을 뛰어서 걸어가는 사람은 달려가면서 비를 맞으니까, 아마 평행육면체(B) 모양으로 비를 맞을 거예요. 이런 도형의 부피 구하는 방법은 배운 적이 없다고요? 걱정하지 말아요. 평행사변형 넓이를 구할 줄 알면, 이것도 이해할 수 있어요.

평행사변형은 밑변의 길이와 높이가 같을 때, 그 모양이 앞 그림처럼 서로 달라도 넓이는 모두 같다는 특징이 있어요. 평행사변형을 밑변으로 하고, 같은 높이로 잡아당겨 부피감을 줘서 이 도형을 입체로 만들면 평행육면체가 돼요. 그런데 이 평행육면체도 밑변의 가로, 세로 길이와 높이가 같을 때 모양이 달라도 그 부피가 같다는 특징이 있어요.

따라서 내리는 비의 속도가 모두 같다고 가정한 상황이라면, 걸어서 맞는 비의 양(A의 부피)이나 뛰어서 맞는 비의 양(B의 부피)이 같다는 말이지요. 이를 간단한 식[19]으로 나타내면, 이 상황에서 사람이 맞는 비의 전체 부피는 (빗속에서 보낸 시간×비 내리는 속도)+(비를 피하는 장소까지의 거리×비 내리는 속도)로 구할 수 있습니다. 그런데 비를 피하는 장소까지의 거리는 걸어가나 뛰어가나 똑같으

■ 가을 산책길에 만나는 소나기만큼 당황스러운 건 없을 거예요! 사진 출처 : 게티 이미지 뱅크

므로, 맞는 비의 양을 줄이려면 빗속에서 보내는 시간을 줄여야 한다는 결론이 나오는 셈이죠. 그러니 뛰는 게 비를 덜 맞는 쪽이 될 수 있겠죠. 그런데 왜 안젤리스 박사는 차라리 걸으라고 말했을까요?

실제 안젤리스 박사의 논문에 기록된 조금 복잡한 방정식으로 계산한 결과도, 앞에서 살펴본 결과와 크게 다르지 않았어요. 안젤리스 박사도 비가 올 때 걷지 않고 뛰면, 다른 조건이 모두 같을 때 약 10% 정도만 덜 젖는다는 사실을 확인했지요. 안젤리스 박사는 이 정도의 이득이라면, 차이가 얼마 나지 않으니 뛰느라 힘들이지 말고 차라리 걸으라는 결론을 내렸던 거예요.

부슬부슬 내리는 봄비나 가을비가 내리는 날에는 비 오는 날만 느낄 수 있는 온도와 습도, 냄새와 공기를 만끽할 수 있지요. 그런 날 산책길에서 떠올릴 수 있는 조금은 엉뚱한 생각도 연구 주제가 될 수 있다는 사실! 우리의 엉뚱한 생각도 멈추지 말자고요.

개미가
알려 주는
수열의 세계

(개미 ↔ 소설 『개미』 ↔ 개미 수열 ↔ 수열 규칙 찾기 ↔ 수열 ↔ 『매미』 ↔ 울음소리 6 ↔ 울음소리 9의 비밀 ↔ 맴맴맴 ↔ 산책길 ↔ 개미)

　가을 산책길에서도 아주 쉽게 발견할 수 있는 곤충 중 하나가 바로 개미죠. 따뜻한 날씨에 훨씬 더 활발하게 움직이지만, 가을에도 개미의 활약은 이어집니다. 개미가 무려 1억 3000만 년 전에 지구에 등장한 생명체였다는 사실을 알고 있나요? 백악기 시절에 살았던 공룡의 발자국 화석 옆에 개미 화석도 발견되는 걸 보면, 지구 역사의 산 증인이라고 해도 과언이 아니에요.

　현재 지구상에서 관찰되는 개미는 만여 종이 넘고, 우리나라에서만 137종이 살고 있다고 하니 개미의 엄청난 생명력을 역사가 증명하고 있는 셈이죠. 이처럼 개미의 역사가 길다는 것은, 그만큼 그와 관련된 연구 결과나 연구 자료도 아주 많다는 이야기예요. 봄날 산책에서 발견한 개미를 보고 '이타 행동'을 관찰해 논문을 내기도 하고, 가을 산책에서 발견한 단체로 몰려다니는 개미에게서는 수열을 떠올리기도 하죠.

√ 소설 『개미』에 등장한 재미있는 수열

개미는 잘 아는 것처럼 집단생활을 하므로, 산책길에서 우르르 다니는 모습은 쉽게 볼 수 있어요. 개미가 줄지어 늘어선 모습이 꼭 수열을 닮지 않았나요?

수열이란, 자연수 범위 안에서 수를 늘어놓고 '순서'를 정한 수들의 나열을 말합니다. 정의대로라면 수열은 규칙이 있어도 되고, 없어도 되지만, 우리는 학교에서 규칙이 있는 수열만 의미 있게 배웁니

■ 줄지어 늘어선 모습이 꼭 수열을 닮았어요.

사진 출처 : 픽사베이

다. 초등학교 때부터 얼마씩 뛰어 세기나, 규칙 찾기 등으로 연습하다가 중고등학교 때는 꽤 어려운 수열을 배우죠. 예를 들어 자연수를 2씩 뛰어 세면, 2, 4, 6, 8, …로 이어지는 짝수 수열로 무한수열이라고 부르고, '100보다 작은 자연수 중에'와 같이 수열의 범위가 정해져 있을 때는 유한수열이라고 부르지요. 오늘은 '개미'와 관련된 소설 속 수열이 있어 소개하려 합니다. 소설 속에 등장한 수열이라니 흥미진진하지 않나요?

개미의 시선으로 바라본 인간의 세상을 엿볼 수 있는 소설『개미』가 바로 그 주인공입니다.『개미』는 프랑스의 소설가이자 저널리스트인 베르나르 베르베르(Bernard Werber, 1961-)의 이름을 우리나라에 널리 알린 소설입니다. 5권짜리 장편인 이 소설은 프랑스보다 한국에서 더 인기가 많았어요. 꽤 오래전인 1991년우리나라엔 1993년 출간에 나온 작품이며 고등학교 2학년 문학 교과서에 본문이 일부 실리면서 더 많이 알려졌지요.

소설『개미』5권 중 2권, '제2부 개미의 날'[20]에 간단한 수열 문제가 나옵니다. 소설 속에서 미국 텔레비전 퀴즈 쇼를 보는 장면에서 등장한 수열이었지요. 왼쪽과 같이 1, 11, 12, …로 이어지는 수열에서 일곱 번째 줄의 수를 묻습니다. 사회자는 '영리한 사람일수록 답을 찾기가 더 어렵다'고 조언했지요.

사실 소설『개미』에 실리기 훨씬 전에 이 수열을 먼저 소개한 소설이 있었어요. 미국의 천문학자이자 작가로 활동했던 클리포드 스톨(Clifford Stoll, 1950-)의 소설『뻐꾸기 알(Cuckoo's egg)』에 등장

한 적이 있었습니다. 이 소설
은 상대 해커에게 넘겨진 국가
의 비밀 정보를 추적하는 어느
천문학자의 이야기예요. 소설
속 주인공이 동료에게 낸 문제
가 바로 이 수열 문제였어요.
이 수열은 세월이 흘러 온라인

1
11
12
1121
122111
112213

📑 수열에서 일곱 번째 줄의 수를 묻는 문제예요.
출처 : https://oeis.org

정수열 사전(OEIS, Online Encyclopedia of Integer Sequences)에
A005150이라는 일련번호로 등록[21]된 수열이 됐습니다.

혹시 그 사이 정답을 눈치챘나요? 일곱 번째 줄의 수는 바로
12221131입니다. 이 수열의 규칙을 바로 분석해 볼게요. 사회자는
왜 어렵게 생각하지 말라고 조언했을까요? 수학적인 견해가 많이는
필요 없다는 힌트였겠죠.

첫 번째, 두 번째 줄에 적힌 수부터 봅시다. 1 다음에 11이 왔어요.
여기서 11은 10+1로 완성되는 열하나를 뜻하는 게 아니라 1이 한
개(1)라는 뜻입니다. 다음 두 번째 줄에 이어 세 번째 줄에 적힌 수를
살펴봅시다. 11 다음에 12인데, 12도 10+2로 완성되는 열둘이 아니
라 1이 두 개(2)라는 뜻이죠. 12 다음에 1121은 1은 한 개(1), 2도 한
개(1)라는 뜻입니다.

이 규칙대로라면 일곱 번째 줄에 오는 수는 112213 다음에 오는
수로, 1이 두 개(2), 2도 두 개(2), 다시 1이 한 개(1), 3이 한 개(1)로
읽을 수 있는 12221131이 되는 원리죠.

이렇게 읽어서 수의 규칙을 찾는 수열[22]은 '읽고 말하기 수열(look and say sequence)'이라는 이름으로 불려요. 우리나라에서는 소설 『개미』로 유명해져 '개미 수열'이라고 부르기도 하고요. 이 수열은 겉으로 보기에는 수학적 성질은 전혀 없는 것처럼 보이지만, 이 수열에도 재미있는 수학으로 해석할 만한 성질이 있어요.

첫째, 이 수열은 무한하게 길어져요. (단, 22로 시작하는 수열은 규칙에 따라 계속 22, 22, 22, …로 길이가 늘어나지 않아요.)

둘째, 이 수열을 1, 2, 3 중 숫자를 선택해 한 자리 또는 두 자리 수열로 시작한다면, 수열 끝까지 1, 2, 3만 등장합니다.

이 밖에도 개미 수열과 관련된 훨씬 더 어려운 수학으로 해석하는 수학 연구도 있어요. 예를 들어 수열의 길이가 어떻게 달라지는지를 나타낸 방정식이 알려져 있지요. 여기서는 이해할 수 있는 범위 내의 수학 연구만 다루고 넘어가도록 해요.

√ 소설 『개미』에 등장한 완전수 6

소설 『개미』에는 곳곳에 다양한 수학 이야기가 등장하고 있어요. 이번에는 3권 '제2부 개미의 날' 200쪽[23]에 나온 완전수 '6' 이야기를 해봅시다.

"6이란 수는 구조를 만들기에 적합한 수이다. 6은 천지 창조를 뜻하는 수이다. 하나님은 엿새 만에 천지를 창조하고 7일째에는 휴식을 취했다. 클레망 달렉상드리에 따르면, 우주는 서로 다른 여섯 방향에서 창조되었다고 한다. (중략)

연금술에서는 별의 여섯 개 뿔이 각각 하나의 금속과 행성에 대응한다고 한다. 가장 위쪽에 있는 뿔은 달과 은에 해당한다. 시계 반대 방향으로 돌며서 각각의 뿔은 차례로 금성과 구리, 수성과 수은, 토성과 납, 목성과 주석, 화성과 철에 해당한다. 여섯 원소와 여섯 행성이 오묘하게 결합되면서 중앙에는 태양과 금이 놓인다.

회화에서 여섯 뿔박이 별은 색깔들이 결합할 수 있는 모든 경우를 보여주기 위해서 사용된다. 모든 색깔을 결합하면 가운데 육각형 안에서 하얀 빛이 만들어진다."

_베르나르 베르베르 저, 이세욱 역 『개미』 제3권, 열린책들

완전수는 자기 자신을 제외한 나머지 약수의 합이 자신과 같아지는 수를 말해요. 6이 바로 대표적인 완전수죠. 6의 약수는 1, 2, 3, 6이고, 자기 자신을 제외한 1+2+3=6을 만족하니까요. 6 다음 완전수로는 28이 있습니다. 28의 약수는 1, 2, 4, 7, 14, 28이고, 자기 자신을 제외한 1+2+4+7+14=28을 만족하지요.

완전수는 고대 그리스의 수학자 피타고라스를 중심으로 구성된 피타고라스 학파에서 처음 그 성질을 발견했어요. 아무래도 완전수는 부분으로 다시 전체를 만드는 특징이 있고, 완전수를 찾아내는 일도 쉽지 않기 때문에 피타고라스 학파에서는 완전수를 아주 신성하

게 생각했어요. 앞에서 소개한 소설 『개미』에 나온 완전수 6도 굉장히 철학적이면서도, 신비롭게 묘사돼 있고요.

그럼 자연수 중에서 완전수는 모두 몇 개나 있을까요? 6부터 차례로 6, 28, 496, 8128, 33550336, 8589869056, …으로 이어져요. 오늘날까지 발견된 완전수는 모두 14개, 가장 큰 완전수는 무려 770자리나 됩니다. 계산을 아주 잘하는 컴퓨터와 함께 찾으려고 해도 쉽지 않은 일이라고 해요. 그러니 예나 지금이나 특별한 수로 여겨지고 있고요. 그래서 아주 오래전 수학자들은 신비함에 감탄하며 우주의 만물과 수를 연결 지으려 했고, 오늘날의 수학자들은 그 수의 비밀을 밝히려고 연구를 이어 가고 있는 거지요.

완전수 이야기가 나온 김에 완전수의 재미있는 특징을 한 가지 더 살펴볼까요?

완전수 6의 모든 약수 1, 2, 3, 6에서 각각을 분모로 하는 수의 합을 구해 봅시다. 분모가 다른 분수의 합은 분모를 통분해서 구할 수 있는데, 네 수의 분모를 가장 큰 약수로 통분하면 $\frac{6}{6}+\frac{3}{6}+\frac{2}{6}+\frac{1}{6}=\frac{12}{6}$ =2가 됩니다. 그러면 완전수 28의 모든 약수 1, 2, 4, 7, 14, 28에서 각각을 분모로 하는 수의 합은 어떨까요? 이 역시 분모를 통분해서 구할 수 있는데, 이번에는 분모를 모두 28로 통분하면 역시 $\frac{28}{28}+\frac{14}{28}$ $+\frac{7}{28}+\frac{4}{28}+\frac{2}{28}+\frac{1}{28}=\frac{56}{28}$ =2가 되지요.

이처럼 모든 완전수는 자신을 포함한 약수를 각각 분모로 하는 분수(역수)로 만들어 더하면 그 합은 2가 되는 특징이 있어요. 왜냐하면 분모가 '자기 자신'이고, 분자는 '자기 자신'과 '나머지 약수의 합'

이므로 매번 분자가 분모의 두 배가 돼 그 값이 2가 되는 원리죠.

√ 최단 거리를 찾는 개미 알고리즘

소설에서 빠져나와 진짜 곤충 개미의 놀라운 습성에 대해 하나 더 이야기하려고 해요. 개미는 최단 거리 찾기 선수예요. 개미들은 수시로 먹이를 찾아 길을 나서는데, 절대 길을 잃어버리지 않아요. 보통 개미집이 한 점에서 시작해 여러 갈래로 나뉘어 있는 것은 물론, 그 전체 길이가 짧게는 수십 미터에서 길게는 수백 미터에 이르거든요. 그런데도 갈림길마다 척척 길을 찾아 잘도 돌아온답니다.

개미는 대부분 먹이를 찾아 돌아오는 길에 '페로몬'이라는 냄새 분자를 떨어뜨려요. 이것은 동료 개미에게 먹이의 위치를 알리기 위해 쓰는 개미만의 특별 수단이에요. 그래서 개미 여러 마리가 자주 다니는 길에는 페로몬의 냄새가 짙게 남아 있어요. 따라서 그 길을 처음 들어선 개미일지라도 냄새를 따라 집으로 돌아가는 길을 금방 찾을 수 있는 거지요.

1999년 이탈리아의 응용과학자 마르코 도리고(Marco Dorigo, 1961-)는 개미들의 이러한 습성을 '알고리즘'으로 설계[24]했어요. 여기서 알고리즘이란, 어떠한 문제를 해결하는 단계와 처리 순서를 컴퓨터에 입력할 수 있도록 프로그램으로 만드는 것을 말해요. 도리고가 만든 개미 알고리즘 목표는 '최단 거리를 찾는 것'이었어요.

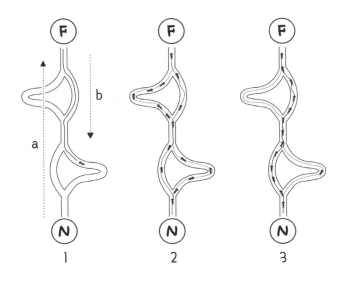

위 그림에서 아래쪽 N은 개미집이고, 위쪽 F는 먹이가 있는 곳을 표시한 거예요. 개미는 N과 F 사이를 오가며, 먹이를 집으로 나르는 임무를 하고 있어요. 만약 F를 발견한 지 얼마 안 됐다면, 개미들은 서로 다른 길로 N과 F 사이를 오갈 거예요. 하지만 결국 시간이 지날수록 개미들인 N에서 F까지의 최단 거리를 발견하고 다른 길은 잘 이용하지 않는다는 사실을 알 수 있었어요.

도리고는 가장 먼저 개미가 이동하는 길을 오른쪽(153쪽) 그림처럼 점과 선으로 나타냈어요. 구덩이와 같은 장애물이 있는 길에는 중간에 점을 추가하기도 했지요. 그런 다음 갈림길이 나올 때마다 페로몬의 분포량에 따라 개미가 길을 선택할 확률을 계산해 개미가 최단 거리를 찾는 개미 알고리즘을 완성했어요.

다시 말해 갈림길에서 페로몬과 같은 중요한 단서가 존재할 때, 최단 거리를 찾을 수 있는 계산식을 만들어 프로그램을 완성했다는 이야기지요. 더욱 재밌는 사실은 실제 이 알고리즘은 주로 주인공이 모험을 즐기는 컴퓨터 게임에서 주인공이 낯선 길을 찾는 능력을 설계할 때 사용되고 있다고 해요.

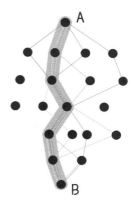

한편, 소설가 베르나르 베르베르는 여기서 이야기한 소재 말고도 '개미'가 알게 모르게 품고 있는 수학의 재미를 소설 5권에 훌륭하게 녹여서 작품을 완성했어요. 기회가 된다면 『개미』라는 소설도 꼭 읽어 보세요. 아 참, 베르베르는 소설 『개미』를 발표한 지, 30년 만인 2023년 6월 소설 『꿀벌의 예언』을 선보였습니다. 꿀벌168쪽 참고도 수학과는 떼려야 뗄 수 없는 곤충이지요. 수학 산책길에 가장 흔히 만날 수 있는 개미와 꿀벌, 누군가는 무심코 스치는 곤충일 뿐이고, 또 누군가에게는 그저 흘려보낸 소설 속 한 문장일지도 모르겠지만, 다른 누군가에겐 재미난 연구 소재였던 거예요. 이런 사소한 생각의 고리나 작은 호기심이 없었다면 오늘날 증명된 수많은 연구는 시작조차 하지 못했을지도 몰라요. 여러분도 산책길에 문득 떠오른 생각을 흘려보내지 말고, 꼭 붙들어 보세요!

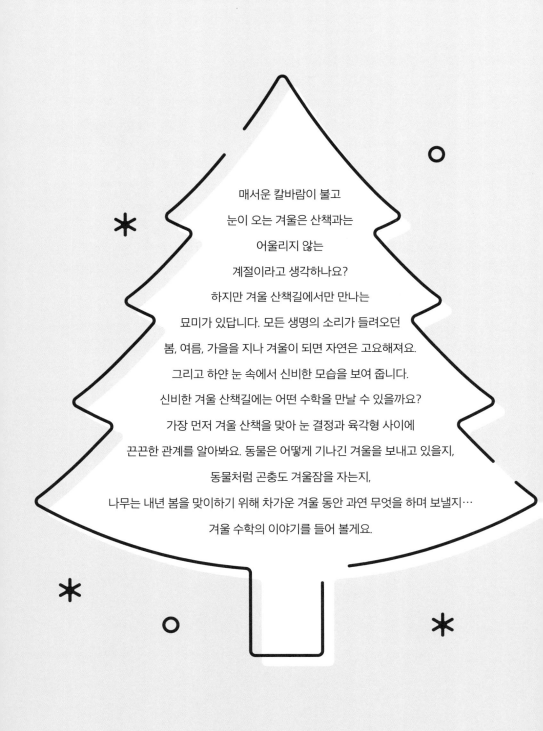

매서운 칼바람이 불고
눈이 오는 겨울은 산책과는
어울리지 않는
계절이라고 생각하나요?
하지만 겨울 산책길에서만 만나는
묘미가 있답니다. 모든 생명의 소리가 들려오던
봄, 여름, 가을을 지나 겨울이 되면 자연은 고요해져요.
그리고 하얀 눈 속에서 신비한 모습을 보여 줍니다.
신비한 겨울 산책길에는 어떤 수학을 만날 수 있을까요?
가장 먼저 겨울 산책을 맞아 눈 결정과 육각형 사이에
끈끈한 관계를 알아봐요. 동물은 어떻게 기나긴 겨울을 보내고 있을지,
동물처럼 곤충도 겨울잠을 자는지,
나무는 내년 봄을 맞이하기 위해 차가운 겨울 동안 과연 무엇을 하며 보낼지…
겨울 수학의 이야기를 들어 볼게요.

Part 04
겨울

세상이 하얗게 뒤덮인 겨울,

산책하며 만나는

고요한 수학 이야기

눈의 결정은
왜
육각형일까?

유난히 추운 겨울, 칼바람이 불어올 때 빠끔히 내민 눈까지 시려요. 이런 날씨에 산책은 엄두가 안 나요. 몸은 한없이 움츠러들고 이불 밖은 위험하다는 생각이 들 때, 딱 하루! 당장 밖으로 달려 나가고 싶은 날이 있어요. 바로 '눈 내리는 날'이에요.

혹시 내리는 눈을 손으로 받아 본 적 있나요? 손에 닿자마자 얼마 안 가 곧 물로 변해서 우리가 직접 '눈 결정'을 관찰한 적은 거의 없을 거예요. 그래도 누군가 "눈 결정(또는 얼음 결정)을 그려 보세요." 라고 요청한다면 아마 다음(158쪽) 그림 중 하나를 골라 그릴 거예요. 이미 많은 그림책 혹은 매체에서 눈 결정 모양에 대해 보여 주고

■ 이 그림은 컴퓨터 그래픽으로 만든 눈 결정 모습이지만, 실제 눈 결정과도 모양이 아주 많이 닮았어요.

사진 출처 : 픽사베이

있으니까요.

눈 결정은 '육각형' 또는 '팔각형' 모양을 기본으로 해요. 모든 눈 결정이 육각형은 아니지만, 팔각형 결정 안에서도 육각형이 발견되곤 합니다.

눈 결정의 '기초' 역할을 하는 얼음 알갱이는 물이 얼어서 만들어진 거예요. 물을 이루는 가장 작은 입자인 분자는 산소 원자와 수소 원자로 이뤄져 있어요. 여기서 분자란, 어떤 물질을 아주 작은 단위로 쪼갤 때 그 물질이 성질을 잃지 않은 채로 쪼갤 수 있는 가장 작은 입자를 말해요. 원자는 물질을 구성하는 가장 작은 단위로, 원자 1개 또는 여러 개가 모여 분자가 돼요.

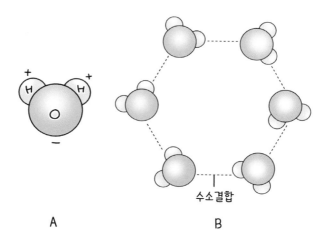

A   B

산소 원자 1개에 수소 원자 2개가 만나면 물 분자가 됩니다. 그런데 이때 두 개 이상의 물 분자가 서로 가까워지면, 한 물 분자(그림 A)에 속한 산소 원자와 다른 쪽 물 분자(그림 B)에 속한 수소 원자 사이에 서로를 잡아당기는 힘이 강하게 작용해요. 이렇게 원자들이 가까워지려고 하는 힘 때문에, 물 분자 여럿이 서로 모이는데 그 모양이 육각형이에요. 따라서 물 분자가 얼어서 만들어진 얼음 알갱이도 육각형 모양인 것이죠.

눈 결정을 관찰한 사람들

사람들은 이런 눈 결정의 모양에 대해 언제부터 관찰했을까요? 이에 대한 아주 오래된 기록이 있는데, 기원전 135년으로 거슬러 올라가요. 당시 한나라오늘날 중국 학자 한영이 쓴 『한시외전』에는 "풀과 나무의 꽃은 보통 잎이 다섯 장(오각형)이지만 눈은 항상 육각형이다"라는 글이 쓰여 있어요.

한편, 유럽에서는 시간이 훨씬 지난 1555년 천문학자인 케플러가 처음 눈 결정을 언급했어요. 그리고 우리가 잘 알고 있는 프랑스의 수학자 르네 데카르트의 책에도 눈 결정과 관련된 기록이 등장해요. 데카르트는 "나는 생각한다 그러므로 나는 존재한다『방법서설』에 기록"라는 말로 유명하지요. 그는 눈 결정을 연구한 최초의 수학자이기도 합니다. 데카르트는 1637년에 자신이 쓴 『기상학』에서 맨눈으로 관찰한 눈 결정을 설명하고 그림도 실었어요.

데카르트는 눈 결정을 보고, "검은 구름이 몰려오더니 거기서 여섯 개의 반원형 이빨이 달린 자그마한 장미 또는 바퀴가 떨어지기 시

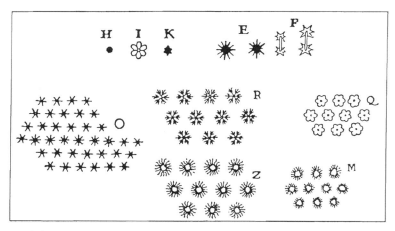

■ 데카르트의 『기상학』에 그려져 있던 눈 결정 모습이에요.　　　사진 출처 : 위키피디아

작했다. 그것들은 상당히 투명하고 아주 납작했으며, 인간이 상상할 수 없는 가장 완벽한 좌우 대칭을 이루고 있었다"라고 기록[25]했어요. 데카르트는 눈 결정이 지닌 기하학적인 매력에 푹 빠졌어요. 눈 결정을 평평한 판, 각진 기둥 모양, 결정 등 12가지로 분류해 기록하고 그림으로 표현했는데, 그 분류는 왼쪽(160쪽) 그림과 같습니다.

눈을 맨눈이 아닌 사진으로 기록한 사람은 19세기에 활동한 미국인 월슨 벤틀리(Wilson Alwyn Bentley, 1865-1931)예요. 벤틀리는 15살의 생일 선물로 받은 현미경으로 눈 결정을 관찰하면서 눈 결정에 푹 빠졌어요. 그러다 1885년 19살 때 현미경에 카메라를 연결해 자신이 직접 제작한 기록 장치로 눈 결정 사진을 찍었습니다.

그 뒤로 벤틀리는 45년 동안 5000장이 넘는 사진을 남겼습니다.

■ 벤틀리가 찍은 눈 결정 사진이에요.

사진 출처 : 위키피디아

벤틀리는 "세상에 똑같은 눈 결정은 없다"는 말 또한 남겼답니다.

√ 눈 결정을 닮은 프랙털, 코흐 눈송이

수학에서 새롭게 정의한 눈 결정을 닮은 특별한 도형이 있다는 사실을 알고 있나요? 눈 결정을 닮은 프랙털 도형인 '코흐 눈송이(Koch snowflake)'가 대표적이에요. 여기서 프랙털이란, 도형 전체를 여러 부분으로 나눴을 때 부분이 전체 모습을 그대로 닮은 도형을 말해요. 아래 사진과 같은 로마네스코 브로콜리라고 불리는 꽃양배추가 프랙털 모양을 하고 있지요.

코흐 눈송이는 스웨덴의 수학자 닐스 파비안 헬게 폰 코흐(Niels

사진 출처 : 픽사베이

Fabian Helge von Koch, 1870-1924)가 처음 생각한 도형이에요. 코흐 눈송이도 다음과 같은 방법으로 만들어요. 먼저 가장 단순한 도형인 선분 하나를 3등분한 다음, 가운데 선분을 구부려 올려 삼각형 일부를 닮도록 뾰족하게 만들면 돼요.

📑 같은 방법으로 단계를 반복하면, 둘레가 무한히 늘어나는
코흐 눈송이를 완성할 수 있어요.

코흐 눈송이는 선분으로 시작하지 않고, 아래 그림처럼 정삼각형으로 시작해도 만들 수 있어요. 정삼각형 각 변을 3등분하고 3등분한

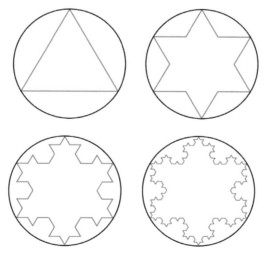

📑 정삼각형으로 시작해도 코흐 눈송이를 완성할 수 있어요.
그런데 아무리 커져도 원을 넘어설 순 없어요.

변 중에 가운데 선분을 지우고, 지운 선분을 밑변으로 삼각형을 그리면 돼요. 이 과정을 반복하면 가운데 선분에서 새로운 삼각형을 만들 때마다 둘레 길이가 $\frac{1}{3}$씩 무한히 늘어난다는 사실을 알 수 있지요.

그렇다면 코흐 눈송이의 둘레는 무한히 늘어나는 걸까요? 네, 맞습니다. 눈송이 둘레는 단계가 늘어날수록 끝없이 증가해요. 그 넓이도 조금씩 무한히 늘어나고요. 그런데 아무리 단계를 반복해도 처음 정삼각형이 꼭 들어맞는(내접하는) 원보다는 커질 수 없어요. 길이는 무한히 늘어나지만, 유한한 넓이 안에 갇힌다는 사실이 참 아이러니합니다.

√ 스키장의 인공눈도 육각형일까?

최초의 인공 눈은 누가 만들었을까요? 스키장이나 눈썰매장에서 볼 수 있는 눈과 질감이 비슷하면서 차가운 가짜 눈 말이에요.

현대로 넘어와 1900년대에 드디어 최초로 '인공 눈 결정'을 만든 물리학자가 등장합니다. 그동안 과학자들은 실험실에서 눈 결정을 만들려고 다양한 시도를 했지만 모두 실패했었거든요. 눈 결정이 만들어지는 구름 속으로 들어가 직접 관찰해 보고 싶다는 과학자가 한둘이 아니었죠. 그러다 마침내 1936년 일본의 물리학자 나카야 우키치로(中谷 宇吉郎, 1900-1962)는 실험실에서 인공 눈 결정을 만들었어요. 그는 우연히 벤틀리의 눈 결정 사진을 보고 이 연구에 본격적으로 뛰어들었다고 해요.

우키치로는 습기가 줄에 얼어붙으면 그것으로 인공 눈을 만들 수 있다고 생각했어요. 그래서 물이 담긴 그릇 위에 얇은 줄을 걸어 놓고 물에 열을 가해 습기가 생기도록 했어요. 명주실, 무명실, 거미줄과 같은 자연 속에서 구할 수 있는 다양한 줄로 인공 눈 만들기 실험을 진행했지요. 마침내 토끼털을 사용했더니 실제와 비슷한 눈 결정이 완성됐어요. 토끼털이 지닌 기름 성분 덕분에 눈 결정이 서로 뭉치지 않고 따로 떨어져 눈 결정이 자라면서 완성된 거예요.

우키치로는 실험실에서 온도와 습도 조건을 바꿔 다양한 모양의 눈 결정을 만든 뒤, 아래 그래프에 나오는 '눈 결정 형태학 도표 (snow crystal morphology diagram, 나카야 도표)'를 완성할 수 있었

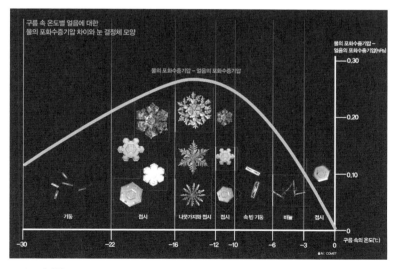

■ 눈 결정학 도표

출처 : http://www.snowcrystals.com/

습니다.

　어떤 건 육각기둥 모양이 되기도 하고, 어떤 건 고드름같이 길쭉한 눈 결정도 있어요. 이렇게 결정 모양이 다르면 '잘 뭉쳐지는 눈'과 '안 뭉쳐지는 눈'의 차이가 생겨나요. 눈사람이 잘 안 만들어지는 눈들이 있지요? 이런 눈은 주로 -22℃ 이하에서 만들어진 '싸라기눈'이에요. 이 눈은 속이 얼음으로 가득 찬 기둥 모양의 결정으로 되어 있죠. 이 모양은 기하학적으로 봤을 때 구조상 빈틈이 없어서 잘 뭉치기가 힘들다고 해요.

　반면, -12℃에서 -16℃ 사이에서 만들어진 눈은 기하학적으로 봤을 때 구조상 빈틈이 많아서 눈과 눈이 잘 붙을 수 있어요. 게다가 하늘에서 땅으로 눈이 내리면서 표면이 조금씩 녹아 물기를 머금으면 더 잘 달라붙는대요. 이런 눈 결정은 주로 '함박눈'에서 발견돼요. 커다란 눈사람을 만들려면 함박눈을 노려야 하는 이유를 수학적으로 증명한 셈이죠.

　그럼 다시 처음 질문으로 돌아가 볼게요. 스키장에서 볼 수 있는 인공 눈의 눈 결정은 육각형 모양일까요? 눈이 많이 필요한 스키장에서 만드는 인공 눈은 사실 엄밀하게 말해 '눈'은 아닙니다. 하늘에서 내리는 천연 눈은 구름의 기체수증기에서 고체눈 결정가 만들어지는 과정인데요. 스키장에서 만드는 인공 눈은 고압의 공기가 쏟아지는 부분에 미세한 액체물방울를 분사해 순간적으로 얼려서 만든 작은 얼음 알갱이거든요. 그러니 스키장 눈에서는 육각형 눈 결정은 관찰할 수 없겠지요. 아, 앞에서 우키치로가 실험실에서 만들어 낸 눈 결정은 천연 눈도 인공 눈도 아닌 합성 눈(synthetic snow)이었습니다.

보통 11월 말에서 12월 초 사이에 우리 모두를 설레게 하는 '첫눈'이 내려요. 눈이 오면 진짜 겨울이 온 것 같은 기분이 들면서, 왜인지 모르게 기분이 좋아지잖아요. 초겨울 첫눈을 맞이하며 산책을 나서면, 온 세상이 하얗게 변한 설경을 만끽할 수도 있어요. 눈 속에서 자연이 만들어 낸 아름다운 도형을 찾아보세요. 산책길이 더욱 즐거워질 거예요.

꿀벌은 늦가을부터 겨울을 보낼 식량을 준비해요. 바깥의 온도가 10도 이하로 떨어지면, 벌집에서 한 발짝도 나가지 않거든요. 다른 곤충들은 겨우내 땅속으로 몸을 숨기거나 집을 단단히 만들어 자신을 보호하는데, 꿀벌들은 여러 마리가 함께 벌집에서 똘똘 뭉쳐 겨울을 납니다. 그래서 겨울 산책길에 꿀벌을 보기는 어려워요.

벌집 속 겨울을 보내는 그들이 뭉쳐 있는 모양은 마치 공 모양과 비슷한데, 날개를 파르르 떨어 열을 내는 일벌이 중심을 차지하죠. 이런 일벌 무리를 여왕벌과 어린 벌이 에워싸고, 중심에서 바깥쪽으로 멀어질수록 나이가 많아 수명이 얼마 남지 않은 벌들이 차지한대

■ 곰 말고 벌이 겨울잠을 자는 걸 알고 있었나요?   사진 출처 : 픽사베이

요. 그러다 봄이 되면 어린 벌을 키우고 맡은 일을 하다가 체력을 다해서 죽음을 맞이해요. 그 빈자리는 새로 태어나는 벌이 채우며 생태계가 유지되지요. 그래서 원래 봄에 꿀벌 수가 잠깐 줄어드는 현상은 아주 자연스러운 일이었어요.

√ 사라진 꿀벌이 무려 80억 마리나 된다고?

2000년대부터 과학자들은 전 세계적으로 꿀벌의 수가 줄어들고 있다고 주장했어요. 그동안 이 현상을 연구한 과학자도 여럿이었죠. 그동안 학계에 보고된 사례는 대부분 미국의 이야기였어요. 그런데 2022년 1월 우리나라에서도 남부 지방을 시작으로 겨울을 난 꿀벌이 사라지는 현상이 나타났어요. 농촌진흥청과 한국양봉협회가 어림잡아 계산한 결과, 사라진 꿀벌 수는 약 83억8300000000 마리나 돼요. 전체 사육 꿀벌의 20% 정도 차지하는 규모예요. 모두 겨울철에 사라졌다는 공통점이 있었어요.

꿀벌이 사라지는 건 매우 심각한 문제예요. 꿀벌은 오래전부터 사람들에게 아주 소중한 존재였어요. 꿀벌은 생태계 균형을 유지하는 데 큰 역할을 하고 있거든요. 우리의 먹거리를 만들어 주는 주요 농작물 중 70% 정도[26]가 꿀벌의 도움을 받아 수분이 이뤄진답니다. 여기서 수분이란, 식물의 수술 꽃가루를 암술에 묻혀서 씨를 만들어, 식물이 열매를 맺도록 돕는 일을 말합니다.

연간 생산되는 전체 식량 자원의 3분의 1 이상을 꿀벌에 의존하고 있다고 하니, 꿀벌의 영향력이 어마어마한 셈이죠. 이것을 경제적인 가치로 바꾸어 계산하면 더욱 대단하게 느껴져요. 꿀벌이 식량 자원에 주는 영향을 비용으로 계산하면 무려 최소 370조 원이라고 해요. 꿀벌은 한 번 일하러 나가면 꽃을 50~200송이 정도 찾고 꿀을 0.02~0.04g 땁니다. 꽃이 많이 피는 계절에는 하루에 8~16회까지 꿀을 따러 나간다고 하니 활동량도 어마어마하죠. 만약 꿀벌의 수가 상상 이상으로 줄어든다면, 그동안 풍요롭게 즐겼던 채소류를 맛볼 수 없을 거예요. 그뿐만 아니라 사료가 줄어들고 생태계 균형이 무너져 육류와 유제품도 부족해질 수 있어요.

√ 수학자들이 사랑한 꿀벌의 춤

이렇게 소중한 존재인 '꿀벌'은 수학자도 아주 좋아하는 곤충이에요. 꿀벌이 왜 똑똑하다고 하는지 좀 더 살펴볼까요? 꿀벌은 처음 발견한 꽃의 위치를 동료 벌들에게 알릴 때 춤을 춥니다. 꽃까지의 거리가 100m 이하일 때는 동그라미 모양을 그리며 춤을 추고, 거리가 100m 이상일 때는 8자를 그리며 춤을 춰요. 가까운 거리에 꽃이 있을 때는 동그라미를 빠르게 그리며 움직이는데, 이때 회전 속도가 빠를수록 좋은 꽃, 꿀이 풍성한 꽃을 발견했다는 뜻이라고 해요.

이런 꿀벌의 춤을 연구한 사람은 20세기에 활동한 오스트리아의 동물학자이자 생물학자인 카를 폰 프리슈(Karl von Frisch, 1886-1982) 박사입니다. 프리슈 박사는 꿀벌의 춤을 연구한 공로로 1973년 노벨 생리의학상을 받았어요. 꿀벌의 춤을 관찰한 뒤에 속도와 거리 사이의 관계, 그리고 꿀벌이 내는 소리와 소리 사이의 관계를 알아냈거든요. 그 내용은 다음과 같아요.

꿀벌이 8자를 그리며 추는 춤은 동그라미 춤보다는 훨씬 정교해요. 심지어 자신이 그리는 8자의 중심 각도를 조절해 자신들이 그리는 중심축과 꽃이 몇 도°만큼 벌어져 있는지를 알려 주기까지 해요. 다음 페이지의 그림처럼, 꿀벌들은 8자를 그리며 자신들이 정한 중심선과 중력의 반대 방향 사이의 각도로 꽃과 태양, 벌집이 몇 도°로 벌어져 있는지를 나타내고 있었어요.

한편, 꿀벌이 중앙선 부분에서는 꼬리를 흔드는 꼬리 춤을 추었는데, 꽃과의 거리가 가까울수록 꼬리를 더 여러 번 흔들었어요. 예를 들어 15초 동안 9~10번 흔들면 꽃까지 거리는 약 100m 정도, 7번 흔들면 거리가 약 200m, 4~5번 흔들면 꽃은 1000m(=1km) 정도 떨어져 있었어요.

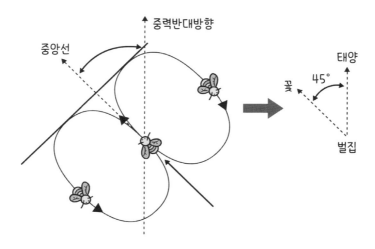

■ 꿀벌의 춤 사위를 관찰하면 일정한 모양을 그리는 걸 관찰할 수 있어요.

이때 꼬리를 흔드는 것만으로는 멀리 떨어져 있는 다른 꿀벌에게는 정보 전달을 제대로 할 수 없겠지요. 그래서 꿀벌은 날갯짓으로 위잉 소리를 내서 다른 꿀벌에게 위치를 알려요. 꼬리 춤을 출 때 200~300Hz(헤르츠)사람이 들을 수 있는 중저음 음역대의 소리를 내고, 소리의 길이로 거리를 나타내요. 꽃과의 거리가 가까우면 꼬리를 자주 흔들었던 것처럼, 거리가 가까우면 소리를 짧게 냈어요.

꿀벌 춤의 속도와 거리, 그리고 꿀벌의 소리 길이와 거리는 모두 양의 상관관계라고 볼 수 있어요. 이처럼 수학에서 말하는 상관관계는 어떤 변수가 증가할 때 다른 변수와 함께 증가하는지(양의 상관관계), 혹은 감소하는지(음의 상관관계)를 관찰해서 각 변수 간의 관계를 파악하고 그 특징을 분석하는 경우를 말합니다.

예를 들어 영유아의 키와 몸무게는 양의 상관관계33쪽 참고로 설명할 수 있습니다. 대부분 키가 크면서 몸무게가 늘기 때문이죠. 각 변수가 서로에게 미치는 영향력이 강한지 약한지에 따라 '강한 상관관계' 혹은 '약한 상관관계'라고 표시하기도 합니다.

√ 수 개념도 아는 똑똑한 꿀벌

벌의 인지 능력은 수학자들의 단골 연구 주제이기도 해요. 단순한 인지 능력을 넘어 벌들의 수리 능력을 증명하는 연구도 여러 차례 발표됐어요. 그중 최근 연구 사례 하나만 소개하면 다음과 같아요. 호주 로열멜버른공과대학교의 스칼렛 하워드(Scarlett R. Howard) 박사팀은 2019년에 꿀벌이 숫자 '0'에 대한 개념을 이해하고 간단한 덧셈과 뺄셈도 가능하다는 사실[27]과, 기호와 수 개념을 연결할 줄도 안다는 연구 결과[28]를, 2022년에는 더 나아가 꿀벌이 짝수와 홀수도 구별할 수 있다는 연구 결과[29]를 잇따라 발표했어요.

어떤 연구인지 자세히 살펴볼게요. 꿀벌을 사진과 같은 Y자 모양의 미로에 가두고, 기호와 숫자를 짝지어 이동할 수 있도록 반복해서 훈련했어요. 예를 들어 '2'라고 표시된 문을 통과한 벌은 바로 두 개의 문을 맞닥뜨리게 됩니다. 하나는 별 모양이 두 개 있는 문, 다른 하나는 별 모양이 세 개 있는 문이지요. 벌은 그중 하나를 골라 통과해야 하는 거예요. 다시 말해, 벌이 숫자 2와 별 모양 두 개를 연결 지어서 볼 수 있게끔 훈련시키는 거지요. 꿀벌은 정답을 맞히면 달콤한 설탕물을, 틀리면 쓴맛이 나는 물질을 얻을 수 있었어요.

그 결과, 훈련이 반복될수록 꿀벌의 정답률이 점점 높아졌습니다. 이 연구 결과는 사람뉴런 860억 개과 비교해 뉴런의 수가 훨씬 적은뉴런 96만 개 꿀벌이지만, 꿀벌의 뇌도 복잡한 수학 언어를 이해할 수 있다는 걸 확인시켜 주었어요.

최근 연구에서는 연구팀이 꿀벌이 홀수와 짝수를 구별하는 훈련을 40번 정도 반복한 결과, 꿀벌은 약 80%의 확률로 짝수 카드를 골라낸다는 사실을 알아냈어요. 흥미롭게도 홀수 카드를 골라야 설탕물을 얻을 수 있었던 그룹의 학습 속도가 짝수 카드를 골라 설탕물을

■ 꿀벌은 Y자 모양 미로에서 수와 기호를 연결해 같은 값을 인지하는 훈련을 했어요.

사진 출처 : ⓒRMIT University

얻을 수 있었던 그룹보다 더 빠르고 정답률도 높았답니다.

지금까지 홀수와 짝수를 구별할 수 있는 능력은 사람 말고는 다른 어떤 동물에게도 발견된 적이 없어요. 그만큼 높은 수준의 수 개념이랍니다. 사람은 대부분 홀수보다 짝수에 더 친숙하고 강한 모습을 보여요. 연구팀은 사람에게 홀짝 치우침 현상이 왜 나타나는지를 동물이 수를 인식하는 과정을 분석해서 알아내고 싶었어요.

안타깝게도 이번 연구에서 꿀벌이 수를 인식하는 원리나 과정까지는 알아내지 못했지만, 짝수와 홀수를 구분하는 능력은 사람처럼 복잡한 뇌 구조를 가지지 않아도 가능하다는 걸 확실히 알게 됐어요. 연구팀은 앞으로도 꿀벌의 수학 능력을 분석할 예정입니다.

앞으로 산책길에 꿀벌을 만나면 우린 아마 자연스럽게 꿀벌의 춤 실력을 살펴보며, 꿀벌의 수학 능력을 떠올리게 될지 몰라요. 꿀벌의 위잉 소리에 담긴 비밀도 생각날 수 있겠죠. 생태계에 없어서는 안 될 소중한 일을 해주며 야무지고 똑똑하기까지 한 꿀벌. 이 기특한 꿀벌에도 이렇게나 다양한 수학이 담겨 있음을 잊지 마세요.

나무가
자랄 때
이득을
계산해 봐

겨울에는 나뭇가지에 달린 잎사귀들도 하나둘 떨어져 메마른 가지들이 앙상해 보입니다. 살랑대는 잎이 없어서 그런지 겨울 숲은 고요하고 평화로워 보입니다. 그런데 사실 이들의 속사정을 알게 된다면 그렇게 고요하게 느껴지지만은 않을 거예요. 겨울 숲속에서는 치열한 경쟁이 벌어지고 있거든요. 사실 그곳은 (약간의 과장을 보태어) 총성 없는 전쟁터가 따로 없답니다.

전쟁터라니 대체 이게 무슨 소리냐고요? 바로 나무들이 생존을 위해 치열한 경쟁을 하고 있기 때문이에요. 다른 나뭇가지보다 햇볕을 더 쪼이고 바람을 더 빠르게 만나 눈에 띄게 성장하려면 재빠르게 움직여야 해요. 이 전쟁터에서 끝까지 살아남으려면 지혜로운 '전략'이 필요해요. 그런데 이 전략을 제대로 수행하려면 '수학 공부'가 필요하답니다. 나뭇가지의 성장 법칙을 수학적으로 분석할 수 있다는 걸 알고 있나요? 영화 속에나 등장할 법한 이 나무의 성장 이야기는 한 수학자가 분석한 실제 이야기랍니다.

√ 나무는 이득을 계산하며 성장한다

숲에서 자라는 나무는 빛을 받기 위해 잎을 넓히고 가지를 뻗어요. 그러다 운이 나쁘게 다른 나무 그림자에 가려지면, 이 나무는 성장이 더뎌지고 급기야 원치 않는 죽음(!)을 맞이하기도 하지요. 너무 가혹한 현실인가요? 그런데 이런 자연스러운 경쟁은 숲을 더욱 활력 있게 만드는 핵심 요소이기도 해요. 만약 나무들이 자연스러운 경쟁 상황에 놓이지 않았다면, 각자 자신의 자리에서 조화를 이루지 못하고 제멋대로 자라고 있을지도 모르니까요.

일본의 수학자 이와사 요는 나무가 주변 환경에 따라 성장 속도와 높이(키)가 달라지는 현상을 '게임 이론'으로 설명했어요. 게임 이론은 한 사람의 행동이 다른 사람의 행동에 어떤 영향을 미치는지, 의사 결정은 어떻게 달라지는지에 대해 논리적인 근거를 제시하고 수학적으로 분석하는 이론이에요. 게임 이론은 누군가 반드시 어떤 행동을 선택해야 할 때 그 결정을 최선으로 이끄는 근거가 돼요.

특히 수학적인 견해를 더해 분석한 게임 이론은 일상생활 속에서 보통 사람들이 의사 결정을 할 때 종종 도움을 줍니다. 단순히 확률 게임에서 이길 확률이 높은 결과를 선택하는 수준이 아니라, 게임에 참여한 사람이 다른 사람의 행동을 예측하고 그 예측을 바탕으로 자신이 택할 수 있는 최선의 행동을 결정하는 이론이거든요.

예를 들어 나무의 입장에서, 자기 나뭇가지가 다음 그림처럼 A 방향과 B 방향 중 하나를 선택해 자라는 걸 결정해야 해요. 둘 중 성장에 아무런 방해를 받지 않는 곳이 B 방향(여기서 A 방향은 다른 잎의 간섭이 있음)이라는 확신이 들게 하는 근거를 게임 이론으로 설명할 수 있다는 거지요.

게임 이론의 대표적인 예 중 하나가 바로 '죄수의 딜레마'예요. 범

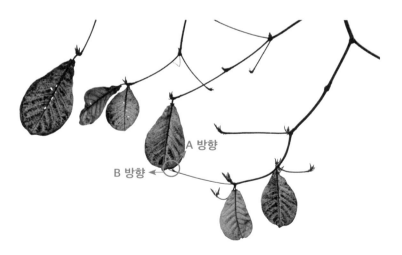

A 방향

B 방향 ←

■ 나뭇가지가 성장하며 뻗어나갈 때, 자신에게 유리한 방향을 선택하며 나아간다.

사진 출처 : 픽사베이

죄를 저지른 두 공범자에게 각각 '자백할 것인지' '혐의를 부인할 것인지' 선택하도록 하고, 그 결과에 따라 서로 다른 형량을 결정하는 문제이지요.

두 공범 A와 B가 체포된 상황입니다. 그러나 유죄를 확정하기에는 증거가 불충분해 검사는 A와 B를 각각 다른 공간에 가두고 다음과 같은 거래를 제안합니다. 두 사람은 '자백'과 '침묵' 중 하나를 선택할 수 있어요. 단, 검사는 A와 B에게 같은 조건을 제시해요.

❶ 네가 자백하고 공범이 침묵하면 너는 무죄로 인정한다(공범은 징역 3년).

❷ 네가 침묵하고 공범이 자백하면 너는 징역 3년을 살게 된다(공범은 무죄).

❸ 너와 공범이 모두 자백하면 두 명 모두 징역 2년을 살게 된다.

❹ 너와 공범이 모두 침묵하면 두 명 모두 징역 1년을 살게 된다.

이 상황을 표로 나타내 볼까요? 이때 누군가의 이익은 1(즉, 징역 1년을 감해 준다), 누군가의 손해를 -1(즉, 징역 1년을 더한다)로 표시해요. 아래 표에서는 (A, B)로 A의 상태와 B의 상태를 차례로 나타냈어요.

A＼B	자백	침묵
자백	(-2, -2)	(0, -3)
침묵	(-3, 0)	(-1, -1)

수학에서는 이처럼 이익과 손해를 나타낸 행렬을 '보수 행렬'이라고 불러요. 여기서 '행렬'이란, 수나 식을 직사각형 모양으로 배열한 것으로 주로 괄호 안에 수를 넣어 나타내요. 이때 가로를 '행', 세로를 '열'이라고 부릅니다. 괄호 안에 적은 수나 식은 그 행렬의 성분이라고 해요.

앞쪽(179쪽) 표를 채운 정보인 (-2, -2)와 같은 순서쌍은 수학에서는 1×2 행렬로도 설명할 수 있어요. 다시 말해 우리가 잘 알고 있는 순서쌍은 '행'이 1개, '열'이 2개인 행렬이라고 말할 수 있지요. 여기서는 '보수 행렬'에 대한 설명이 꼭 필요해 순서쌍 대신 1×2 행렬이라고 표현할게요. 그리고 보수 행렬에서 '보수'란 보상의 의미로 각 선택에 따라 얻을 수 있는 이익을 숫자로 나타낸 것을 말해요.

다시 본론으로 돌아가 공범 A와 B가 각각 선택할 수 있는 경우의 수를 행렬로 나타내 봅시다. 서로는 각각 어떤 선택을 할지 모르므로 자백하는 경우와 침묵하는 경우, 두 가지를 모두 생각해 봐야 해요.

B가 자백할 때, A가 자백하면 B는 징역 2년을 살고, A가 침묵하면 B는 무죄이며 A는 징역 3년을 살아야 해요. 만약 이 상황에서 둘 중 하나를 골라야 한다면 A는 1년이라도 형량이 적은 '자백'을 선택하는 편이 나아요.

한편 B가 침묵할 때 A가 자백하면 A는 무죄로 풀려나고, A도 침묵하면 A는 징역 1년을 살아야 해요. 이 상황에서도 A는 자백하는 게 더 나아요. 반대로 같은 조건일 때 B 역시, 모든 경우의 수를 따져볼 때 어떤 경우라도 자백을 하는 편이 더 나아요.

그런데 A와 B가 모두 자백을 선택한다면, A와 B의 이익이 각각 -2가 되어, 보수 행렬로는 (-2, -2)가 됩니다. 보수 행렬의 성분을 각각 더한 값은 두 사람의 이익의 합을 뜻해요. 이 경우((-2, -2)인 경우)는 공교롭게도 두 사람의 이익의 합이 -4로, 네 가지 경우의 수 중 이익이 최소인 상황이에요. 만약 둘 중 한 사람만 자백하면 이익의 합은 -3, 둘 다 침묵하면 이익의 합은 -2가 되지요.

그러니 이익의 합만 놓고 보면 그 값이 가장 큰 경우(여기서는 (-1, -1)인 경우, 이익의 합은 -2)는 둘 다 침묵을 하는 상황이에요. 하지만 실제로 A와 B는 각각 자신이 최대로 이익을 볼 수 있는 상황을 계산해 자백할 확률이 높다는 게 게임 이론으로 해석한 상황이지요.

이처럼 상대의 선택을 알 수 없는 불확실한 상황에서는 최악(여기서는 징역 3년)을 피하면서도 이익을 최대로 이끄는 선택지가 최선의 선택지일 거예요. 그리고 이 선택지는 게임 이론으로 논리를 뒷받침해 설명할 수 있어요.

나무 역시 자라나는 환경에 따라 전략적으로 선택해 자신의 이득을 계산하는 것처럼 보여요. 수학자의 시선으로 나무의 성장을 관찰해 보니, 마치 나무가 수학 이론을 아는 것처럼 현명한 선택을 하고 있었다는 이야기입니다. 이제 나무가 어떻게 선택하는지 게임 이론을 통해 살펴볼게요.

나무의 눈치 게임, 높이 경쟁

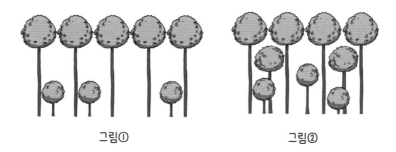

그림①   그림②

　울창한 숲에서 자라는 나무는 부피 성장보다 길이 성장에 에너지를 많이 투자해요. 그래서 대체로 나무 높이가 높은 편이에요. 키가 작으면 광합성을 하기 어려우므로 주변 나무와 경쟁하며 나무 높이를 높여야 살아남을 수 있기 때문이죠. 또, 키가 다른 두 나무가 한 공간에서 자랄 때, 나무는 그림①과 같이 보통 두 층으로 분리돼 각각 평행하게 자라는 모습을 보이기도 했어요. 키가 큰 나무는 조건 자체가 광합성을 하기 좋으므로 밀도가 높아지는(숲이 빽빽해지는) 현상이 나타났고요.

　반면, 듬성듬성한 숲에서 자라는 나무는 상대적으로 나무줄기가 굵고 키가 작았습니다. 굳이 키가 크지 않아도 광합성을 할 수 있기 때문이죠. 대신 빛을 더 받기 위해 주로 가지를 더 옆으로 뻗는 데 에너지를 쏟는 것으로 나타났어요. 게다가 키가 다양한 여러 종류의 나무가 한 공간에서 자랄 때는 마치 도심 속 빌딩 숲처럼 그림②와 같이 키가 큰 것과 작은 것이 섞여 자라는 모습을 보였습니다. 가장 키가 큰 나무의 밀도가 가장 높고, 키가 작을수록 밀도는 낮아지는 모습이 나타났고요.

이와사 요는 나무가 주변 환경에 따라 성장 속도와 나무의 높이(키)가 달라지는 현상을 관찰하고 '식물의 성장'과 관련된 수학자의 관점을 담아 쓴 책『생물의 적응 전략』과『수리 생태학』에서 이와 같은 내용을 소개했지요. 그는 나무가 주변 환경에 따라 높이를 결정하는 현상을 '나무 높이 게임'이라고 불렀습니다.

이처럼 나무는 성장에 필요한 조건(광합성 속도, 빛의 세기, 성장에 필요한 에너지)이 같더라도 환경에 따라 서로 다른 성장세를 보여요. 이런 점이 환경에 따라 달라지는 사람의 의사 결정과도 비슷해요. 그래서 사람의 의사 결정을 분석하던 '게임 이론'으로 자연 현상을 설

사진 출처 : 픽사베이

명할 수도 있는 거죠. 성장에 필요한 조건을 단순하게 생각하고, 숲의 밀도에 따라서 나무가 집중하는 성장 에너지가 길이 성장인지 부피 성장인지 비교해 보면 다음과 같아요.

울창한 숲에서는 키가 큰 나무가 생존 확률이 높으므로 나무들이 '길이 성장'에 집중하는 모습이 나타났고, 듬성듬성한 숲에서는 나무의 키는 생존과 크게 상관없어 나무들이 '부피 성장'에 집중하는 모습이 나타났지요. 이를 보면 나무는 마치 스스로 게임 이론을 적용하는 것처럼 보여요. 나무는 자신이 자라는 환경에 따라 에너지를 다르게 투자하며, 자신이 얻을 수 있는 이익을 최대로 이끄는 모습을 보이고 있어요.

이처럼 생태계를 구성하고 있는 숲과 나무들, 이러한 자연의 현상이나 동식물의 움직임을 연구하는 학문을 '생태학'이라고 불러요. 여기서는 생태학 중에는 '수리 생태학'이라 불리는 수학자들의 연구를 소개한 거고요.

그런데 사실 수리 생태학의 시작은 꽤 오래전부터 이어져 내려왔어요. 수리 생태학은 기원전 4세기 고대 그리스의 수학자 아리스토텔레스가 자신의 책에서 들쥐와 메뚜기 떼의 습성과 번식 능력에 대한 수학적인 해석을 담은 것부터 출발했다고 해도 과언이 아니죠. 생태계에서 유해 동물을 없앨 방안을 고민하던 초기의 그리스인과 로마인의 생각에서 출발해, 수학과 현상을 관찰한 결과를 반영하면서 오늘날까지 연구가 이어져 현대적인 수리 생태학으로 더욱 발전하게 된 거랍니다.

이제 겨울이 지나면 다시 봄이 올 거예요. 살랑살랑 불어오는 봄바람이 불 때면 산책길에 만난 나뭇가지와 나뭇잎이 살랑거리는 소리에도 귀를 기울이게 될 거예요. 그냥 저절로 거기에 있었던 것이 아니라 겨우내 치열한 생존 전쟁을 겪고 나서야 만나게 된 나무들이라는 걸 생각한다면 좀 더 반갑게 느껴지지 않을까요? 그리고 식물의 성장에 담겨 있는 흥미진진한 수학 이야기가 떠오르길 바랄게요!

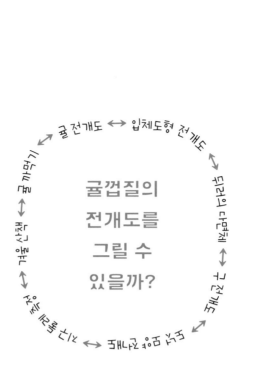

꽁꽁 얼어붙은 겨울, 겨울 산책을 나설까 하다가 '이불 밖은 위험하다!'는 생각에 다시 움츠러들어요. 역시 겨울에는 식탁 위에 가득 싸인 귤을 먹으며 밀린 영상을 보는 게 힐링이죠. 그렇게 잠시 산책을 미루다가 순간 손에 든 귤을 바라봤어요. 예쁘게 꽃 모양으로 펼쳐져 바닥에 버려진 귤껍질도 눈에 보이고요.

귤과 귤껍질을 바라보고 있자니, 둥근 구나 도넛 모양의 입체도형도 전개도가 있는지 궁금해져요. 집을 지으려면 '설계도'가 필요한 것처럼 입체도형을 만들려면 '전개도'가 꼭 필요하니까요. 전개도란 입체도형을 펼쳐서 평면에 나타낸 그림을 말하지요. 이 전개도가 있

■ 귤껍질을 살펴보니 귤의 전개도를 그릴 수 있을 것 같아요.　　　　사진 출처 : 픽사베이

어야 누구나 같은 모양의 도형을 만들 수 있거든요.

　그런데 여기서 잠깐, 원뿔이나 원기둥은 전개도는 다 알고 있잖아
요. 근데 왜 구 전개도는 아무도 안 알려 주는 거죠? 역사상 최초의
전개도는 언제 등장했는지, 그 출발점을 먼저 들여다봅시다.

√ 알브레히트 뒤러의 다면체

　수학자들은 책 속에 있던 입체도형을 세상 밖으로 꺼내기 위해 전
개도 연구를 시작했어요. 전개도만 있다면, 어떤 도형이라도 금방 만

들 수 있으니까요.

여기 르네상스 시대를 주름잡았던 독일의 판화가 알브레히트 뒤러의 작품이 있어요. 1514년 작품인 〈멜랑꼴리아1〉로, 4×4 마방진이 그려져 있는 것으로도 유명하지요. 그런데 아래 그림에 빨간 동그라미로 표시한 부분에 커다랗게 그려진 다면체가 눈에 들어옵니다. 이 도형은 오각형 여섯 개와 정삼각형 두 개로 이뤄진 팔면체라는 걸 알 수 있어요. 만약 이 다면체의 전개도를 그릴 수 있다면, 뒤러의 다면체를 우리도 직접 만들어 볼 수 있을 거예요.

4×4 마방진

사실 과거 수학자들은 꽤 오랫동안 책 속에 그려진 그림으로 입체도형을 배우고 도형의 성질을 이해해야 했어요. 보통은 입체도형의 겨냥도를 그려, 보이지 않는 면을 상상해 연구를 진행했지요. 여기서 겨냥도란 오른쪽

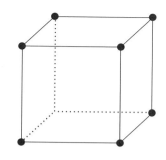

그림처럼 입체도형을 실선과 점선으로 나타낸 그림으로, 눈에 보이는 부분은 실선으로, 눈에 보이지 않는 부분은 점선으로 나타내는 게 특징이에요.

그러다 수학자들은 서서히 학문의 틀 안에 갇힌 기하학을 세상 밖으로 꺼내는 방법을 찾아 연구하기 시작했어요. 그 첫 번째 도구가 바로 종이였어요. 종이와 전개도만 있으면 대부분의 입체도형을 직접 만들어 눈으로 관찰하며 도형의 특징을 이해할 수 있었으니까요.

뒤러의 그림 속에 갇혀 있던 팔면체도 마찬가지예요. 팔면체의 전개도를 그릴 수 있다면, 뒤러의 다면체는 더 이상 그림 속에만 존재하는 도형이 아닌 셈이죠. 뒤러도, 이 작품을 그릴 때 실제 존재하는 도형을 눈으로 관찰하면서 그림에 옮겨 그린 게 아니라 본인이 스스로 상상한 이 다면체를 그린 거거든요.

그럼 이제 직접 이 도형의 전개도를 그려 봅시다. 먼저 왼쪽(188쪽) 그림에서 정면에 보이는 오각형을 직접 볼까요?

이 오각형 ABCED의 내각은 점 A부터 시작해 시계 방향으로 각각 차례로 126°, 126°, 108°, 72°, 108°를 이루고 있어요. 오각형을

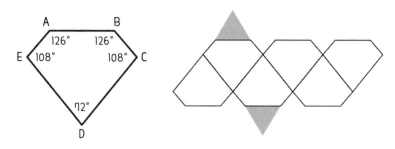

위 그림과 같이 차례로 6개를 이어 붙이고, 선분 AB와 세 변의 길이
가 같은 정삼각형 두 개를 적당한 곳에 그리면 됩니다.

이렇게 완성된 전개도를 종이에 인쇄한 뒤 선을 따라서 오려 다면
체를 만들면, 뒤러의 작품 속 다면체와 같은 모양의 팔면체를 완성할
수 있어요. 실제로 이 다면체는 '뒤러의 다면체'로 불리고 있습니다.

한편, 뒤러의 본래 직업은 판화가였지만, 그는 때때로 기하학 분야
를 연구했다고 해요. 뒤러는 자신의 작품 〈멜랑꼴리아1〉에서 '뒤러
의 다면체'를 소개하는 것으로 멈추지 않고, 이 다면체에 수학적 해
석을 덧붙이는 연구도 이어 갔습니다.

뒤러는 수학의 한 분야인 '그래프 이론'을 이용해 뒤러의 다면체를
점과 선만 이용해서 나타내기도 했어요. 이 연구를 이해하려면 수학
에서 말하는 어떤 '그래프'에 대해 먼저 알아 두어야 해요.

보통 수학에서 '그래프'를 이야기할 때, '꺾은선 그래프', '막대 그
래프'처럼 어떤 자료를 정리한 결과를 그림으로 표현한 자료를 떠올
릴 거예요. 또는 '함수 그래프'처럼 함수의 관계를 나타내는 그래프

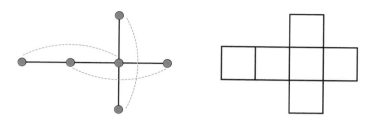

■ 정육면체 전개도를 나타낸 그래프　　　■ 정육면체 전개도

도 생각나지요. 그런데 위 그림에서 오른쪽 정육면체 전개도의 왼쪽에 있는 점과 선으로 이어 놓은 그림도 수학에서는 '그래프'라고 불러요.

수학에서 그래프 이론이란 자료와 자료 사이의 복잡한 구조를 점과 선으로 나타내고, 그렇게 나타낸 그래프로 자료 사이의 수학적 규칙을 찾아 연구하는 학문이에요. 예를 들어 지하철 노선도도 여기서 말하는 그래프를 대표하는 예시이지요. 지하철 노선도를 보면 같은 노선의 지하철역과 역 사이를 선으로 연결한 구조를 한눈에 파악할 수 있으니까요.

다시 전개도로 돌아가 볼까요? 입체도형의 전개도도 이 그래프를 이용해 표현할 수 있어요. 입체도형의 전개도란, 입체도형을 한 평면 위에 펴놓은 그림을 말하잖아요? 그러니까 모든 입체도형(3차원)은 평면도형(2차원)을 기초로 한다는 말이죠. 그래서 수학자들은 평면과 공간 사이의 관계를 정확하게 이해하고 알길 원했어요. 그때 이 그래프를 활용한 것이죠.

게다가 하나의 입체도형이라도 전개도는 여러 개로 표현할 수 있어서 수학자 사이에서는 한 입체도형의 전개도가 몇 가지인지 알아내는 것도 흥미로운 연구 주제 중 하나예요.

뒤러의 다면체 그래프를 살펴보기 전, 가장 익숙한 도형인 정육면체부터 살펴봅시다. 정육면체 하나를 모서리에 따라서 평면 위에 펼치면, 방금 전까지 입체도형이었던 정육면체는 십자가 모양의 평면도형이 되지요.

√ 정말 모든 입체도형의 전개도를 찾을 수 있을까?

다면체란 말 그대로 다각형의 면으로 둘러싸인 입체도형을 말해요. 예를 들어 육면체를 대표하는 주사위를 떠올려 볼까요? 주사위의 전개도는 도형의 각진 부분을 펼치기만 해도 쉽게 전개도를 찾을 수 있지요. 하지만 표면이 둥근 입체도형은 어떨까요?

둥근 표면이 있는 입체도형으로는 대표적으로 귤을 닮은 구와 도넛 모양 도형이 있어요. 단순하게 생각하면 둥근 표면을 평면에 펼치는 일은 아예 불가능해 보이죠. 물론 완벽한 전개도는 아니지만, 둥근 표면이 있는 입체도형의 전개도를 찾는 방법은 두 가지가 있습니다.

하나는 둥근 표면을 최대한 실제 도형과 가깝게 다각형으로 쪼개는 방법이 있어요. 예를 들어 귤껍질을 떠올려 보면 쉬워요. 우리가 종종 겨울철에 하는 장난이기도 하고요. 귤껍질 전체를 한 조각으로

깐 다음, 평평한 곳에 펼치면 얼추 전개도 느낌이 나니까요.

이는 실제로 여러 명의 과학자가 다양한 방법으로 지구의 전개도를 연구하고 평면 지도를 완성하는 방법과 닮아 있어요. 이때 도형의 곡률을 계산하면, 더욱 완벽한 전개도를 그릴 수 있습니다. 여기서 곡률이란 '곡선의 휜 정도'를 나타내는 값이에요. 직선과 같이 평평한 부분의 곡률을 0이라고 해요. 둥근 표면을 다각형으로 쪼갤 때는 최대한 작고 같은 모양의 단위 도형을 사용하는 게 좋아요. 그래야 곡률이 일정해서 덜 울퉁불퉁한 전개도를 완성할 수 있거든요.

또 다른 하나는 전문가가 아니면 정말 어려운 방법이에요. 우리가 사는 3차원 공간 말고, 새롭게 공간을 확장하는 방법이거든요. 3차원 공간에서는 아무리 노력해도 완벽하게 둥근 표면을 평면에 펼칠 수 없으니, 이를 수학으로 새롭게 정의한 위상 공간수학에서 위상 공간은 위상 수학에서 다루는 특별한 정의를 따르는 새로운 공간을 말한다.에 존재하는 도형으로 상상해 정의하는 방법이지요. 이 방법은 정확하게 이해하지 못해도 괜찮아요. 여기서는 이런 개념과 방법이 있다는 정도만 알고 넘어가도록 해요.

독일의 수학자 콘라드 폴티아(Konrad Polthier, 1961-)는 1993년부터 자신이 개발한 컴퓨터 프로그램을 이용해, 둥근 곡면이 있는 입체도형의 전개도와 구조를 그려 내는 연구[30]를 해오고 있어요.

그중 하나로 도넛 모양한자로 원환체圓環面의 한 종류인 '클리포드 원환체'를 다음 그림(194쪽)과 같은 물결무늬의 단위 도형으로 쪼개서 도넛 모양의 전개도를 그리기도 했습니다. 이 도형은 앞에서 말한 새

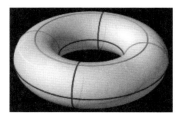

롭게 정의한 위상 공간에서만 존재할 수 있고, 꼭짓점은 200개나 되는 특별한 도형이었어요.

하지만 이 두 가지 방법 모두, 원래의 도형과 비교하면 완벽한 전개도는 아니에요. 수학자들은 오늘날에도 완벽한 구의 전개도와 도넛 모양 도형의 전개도를 완성하기 위해 애쓰고 있답니다.

√ 지구의 둘레는 기원전부터 쟀다고?

귤로부터 출발한 생각의 꼬리가 지구의 전개도까지 닿았지만, 아직까지 지구의 전개도는 완벽히 그릴 수 없다는 수학자의 연구가 있었어요. 그런데 지구의 둘레는 아주 오래전에 측정했었다는 기록이 남아 있어요.

그리스의 수학자 에라토스테네스는 기원전 200년경 최초로 지구의 둘레를 측정했다고 합니다. 에라토스테네스는 다음 세 가지 가정을 세웠어요.

1) 지구의 크기는 완전한 구 모양이다.

2) 지구로 들어오는 태양 광선은 어느 지역에서나 평행하다.

3) 평행한 두 직선과 또 다른 직선이 만나 생기는 동위각은 항상 같다.

에라토스테네스는 이집트의 아스완 지역에 있는 시에네의 우물에 하짓날(6월 22일경) 낮 12시에 해가 수직으로 비친다는 사실을 알아 냈어요.

같은 시각에 시에네와 같은 경선북극점과 남극점을 최단 거리로 연결하는 지 구 표면 위의 세로 선 위에 있는 알렉산드리아에서 해시계의 그림자를 재

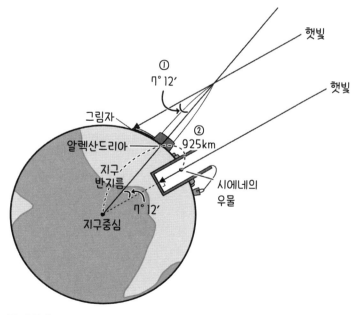

■ 지구의 둘레

서 햇빛이 수직선과 약 7°12′의 각도를 이루고 있음을 밝혀냈어요. 이를 이용해 지구의 둘레를 구할 수 있는 비례식을 세운 거예요. 비례식은 다음과 같아요. (지구의 둘레) : (시에네와 알렉산드리아, 두 지역 사이의 거리)=360° : 7°12′. 에라토스테네스는 이 비례식을 풀어 지구의 둘레를 구체적인 숫자로 이야기할 수 있었던 거랍니다.

지구의 둘레를 구하려면 시에네와 알렉산드리아 사이의 거리도 측정해야 했는데, 에라토스테네스는 낙타의 걸음 수를 이용해서 구했어요. 낙타의 걸음 속도나 보폭이 일정하지 않으므로 당연히 실제 값과 오차가 있었지요. 하지만 에라토스테네스가 이 방법으로 측정한 지구의 둘레(약 3만 9000km)는 현재 우리가 알고 있는 값(약 4만 km)과 매우 비슷해 지금까지 의미 있는 연구 기록으로 전해지고 있습니다.

귤껍질에서 시작되어 만나 본 겨울 수학 이야기는 어땠나요? 그래도 겨울바람이 잔잔한 날이면 산책을 해보는 걸 권하고 싶어요. 하얀 입김이 퍼지는 모습도 정겹고, 차가운 겨울 공기가 때로는 상쾌한 기분이 들게 하거든요. 겨울 산책의 묘미를 만끽하며 상쾌해진 기분으로 한 걸음 한 걸음 수학에게 다가가는 재미난 산책길이 되기를 바라요.

이 책이 나오기까지
도움받은 문헌과 문서들

Part 01

생명이 움트는 봄,
산책하며 만나는 향기로운 수학 이야기

1   Jean, Roger V. (1994), 『Phyllotaxis: A systemic study in plant morphogenesis』 Cambridge University Press.

2   헤르트 하우프트만, 알프레드 포사멘티어, 잉그마 레만(2010), 『피보나치 넘버스』 늘봄출판사

Vogel, H(1979), 「A better way to construct the sunflower head」 Mathematical Biosciences. 44 (44): 179-189. doi:10.1016/0025-5564(79)90080-4

4   Cheng-chia Tsai 외 7명(2020), 「Physical and behavioral adaptations to prevent overheating of the living wings of butterflies」 NATURE COMMUNICATIONS. https://doi.org/10.1038/s41467-020-14408-8

5 W. D. Hamilton(1971), 「Geometry for the Selfish Herd」Journal of Theoretical Biology.

6 Andrew J King(2012), 「Selfish-herd behaviour of sheep under threat」Current biology: CB 22(14):R561-2. DOI:10.1016/j.cub.2012.05.008

7 PAUL W. SHERMAN(1977), 「Nepotism and the Evolution of Alarm Calls: Alarm calls of Belding's ground squirrels warn relatives, and thus are expressions of nepotism」SCIENCE, Vol 197, Issue 4310, pp. 1246-1253. DOI: 10.1126/science.197.4310.1246

8 기상청 홈페이지 https://www.kma.go.kr/aboutkma/intro/supercom/model/model_category.jsp?printable=true&

Part 02

무덥고 화창한 여름,
산책하며 만나는 시원한 수학 이야기

9 https://archive.org/details/the-optics-of-ibn-al-haytham-books-i-iii-on-direct-vision.-translated-with-intro/mode/2up

10 H. Moyses Nussenzveig(1977), 『The Theory of the Rainbow』SCIENTIFIC AMERICAN, INC

11 Archimedes, 「Archimedis Syracusani Arenarius & Dimensio Circuli」(시라쿠사의 아르키메데스가 셈하고 측정한 우주)

12 Newman, James R. (2000) 『The World of Mathematics』 p.420. 번역은 위키백과 참고(https://ko.wikipedia.org/wiki/모래알을_세는_사람#cite_note-7)

13 Jin Yoshimura(1997), 「The Evolutionary Origins of Periodical

Cicadas during Ice Ages」The American Naturalist Vol.149, No. 1. doi: 10.1086/285981

14　Heesch, H.(1968).「Reguläres Parkettierungsproblem」Cologne and Opladen: Westdeutscher Verlag.

Part 03

알록달록 무르익은 가을,
산책하며 만나는 운치 있는 수학 이야기

15　『Science Advances』(IF, 13.117) on Dec. 17th.

16　"요하네스 케플러는 마지막 점성술사이자 첫 천체물리학자다."_칼 세이건

17　Weiss, Peter(2009),「Candy science: M&Ms pack more tightly than spheres」Science News 165(Feb. 14):102.

18　Alessandro De Angelis(1987),「Is it really worth running in the rain?」IOP Publishing Ltd & The European Physical Society, p201-202.

19　라파엘 로젠(2016),『세상을 움직이는 수학 개념 100』110쪽 참고.

20　베르나르 베르베르(2023),『개미2 제2부 개미의 날』참고.

21　https://oeis.org/A005150

22　https://ko.wikipedia.org/wiki/읽고_말하기_수열

23　베르나르 베르베르(2023),『개미3 제2부 개미의 날』200쪽.

24　Gianni Di Caro and Luca Maria Gambardella(1999),「Ant algorithms for discrete optimization」Artificial Life, Vol. 5, N. 2.

25 H. Howard Frisinger(1966), 「RENÉ DESCARTES, THE LAST OF THE OLD, AND THE FIRST OF THE NEW METEOROLOGISTS」 RMets, https://doi.org/10.1002/j.1477-8696.1966.tb02803.x

26 꿀벌은 현재 유엔식량농업기구(FAO)의 통계 자료에 따르면 전 세계 식량의 90%를 차지하는 100대 주요 작물 중 71종의 수분을 돕는 역할은 한다고 알려져 있다.

27 Scarlett R. Howard(2018), 「Numerical ordering of zero in honey bees」, SCIENCE 8 Jun 2018, Vol 360, Issue 6393, pp. 1124-1126, DOI: 10.1126/science.aar4975

28 Scarlett R. Howard 외 4명(2019) 「Symbolic representation of numerosity by honeybees (Apis mellifera): Matching characters to small quantities」 Proceedings of the Royal Society B, https://royalsocietypublishing.org/doi/10.1098/rspb.2019.0238, https://doi.org/10.1242/jeb.205658

29 Scarlett R. Howard(2022), 「Numerosity Categorization by Parity in an Insect and Simple Neural Network」 Front. Ecol. Evol., 29 April 2022, Sec. Behavioral and Evolutionary Ecology, Volume 10-2022, https://doi.org/10.3389/fevo.2022.805385

30 콘라드 폴티아 연구 목록 http://www.polthier.info/articles/index.html